FANUC 工业机器人应用工程师实训系列

工业机器人工作站维护与保养

黄 力 徐忠想 康亚鹏 主编

机 械 工 业 出 版 社

本书是根据“工学结合”的教育理念，基于企业真实的工作过程而编写的。

全书共分为14个项目，主要内容包括机器人安全使用须知、机器人主要硬件、机器人搬运和安装、日常维护、更换机器人部件、机构部件常见问题及处理、控制柜常见问题及处理、单元更换、线路连接、零点标定的方法、机构检修内容与要领、维修作业等。通过这些内容，能让读者了解并掌握FANUC工业机器人工作站维护与保养的工作流程，从而达到能独立完成从设计维护与保养到实施具体维护与保养的一系列工作。

本书可供中高等职业学校机电一体化专业学生使用，也可供从事工业机器人应用与维护工作的工程技术人员参考。

图书在版编目（CIP）数据

工业机器人工作站维护与保养/黄力，徐忠想，康亚鹏主编.
—北京：机械工业出版社，2019.6
（FANUC工业机器人应用工程师实训系列）
ISBN 978-7-111-62494-3

Ⅰ. ①工… Ⅱ. ①黄… ②徐… ③康… Ⅲ. ①工业机器人—工作站—维修 ②工业机器人—工作站—保养 Ⅳ. ①TP242.2

中国版本图书馆CIP数据核字（2019）第070506号

机械工业出版社（北京市百万庄大街22号 邮政编码100037）
策划编辑：周国萍 责任编辑：周国萍
责任校对：朱继文 封面设计：马精明
责任印制：郜 敏
北京圣夫亚美印刷有限公司印刷
2019年6月第1版第1次印刷
184mm×260mm · 9.75印张 · 204千字
0 001—3 000册
标准书号：ISBN 978-7-111-62494-3
定价：39.00元

前　言

工业机器人作为《中国制造 2025》规划提出重点发展的智能制造装备之一，正悄然改变着传统制造业的用工模式。随着人口红利消退，以人为主的生产模式正逐渐向以机器人为主的模式转变，各种工业机器人工作站大量落成的同时，对从事工业机器人工作站维护与保养方面的人才，提出了更高要求。

本书从FANUC工业机器人安全使用须知、硬件介绍、搬运和安装、日常维护、部件更换、机构部件和控制柜常见问题及处理、单元更换、线路连接、零点标定方法、机构检修内容与要领以及维修作业等方面展开，全面落实“以就业为导向、以全面素质为基础、以能力为本位”的人才培养指导思想，旨在提高工业机器人从业人员的综合职业能力，培养优秀的工业机器人工作站维护与保养方面的人才。

本书基于工业机器人工作站维护与保养的职业要求，遵循了工学结合的教学理念，将代表性的工作转化为本书的项目，并通过工作页的形式加以呈现。全书从实际出发，以实践为本，内容涵盖全面，知识深入浅出，对维护与保养人才的培养起到明显的促进作用。同时所涉及项目均具有极高的可操作性，贴合工业机器人工作站的日常维护与保养。

本书由黄力、徐忠想、康亚鹏任主编，参与编写的还有孙静静、陈灯、李梅、李先雄、张宇、周盼、周伟、许宏林、刘堃、李波、张菊祥。本书在编写过程中得到了上海发那科机器人有限公司封佳诚、林谊先生的大力协助，他们提供了很多的技术支持及宝贵意见，在此深表感谢！

编著者虽然尽力使内容清晰准确，但肯定还会有不足之处，欢迎读者提出宝贵的意见和建议。

编著者

目　录

项目 1

机器人安全使用须知

项目描述

本项目主要介绍机器人使用过程中的安全注意事项。在使用机器人和外围设备及其组合的机器人系统时，必须充分考虑作业人员和系统的安全，使用与维护人员需牢记机器人使用安全章程。

项目过程

1. 作业人员的定义

1）操作者：进行机器人的电源 ON/OFF 操作，从操作面板启动机器人程序的启动操作人员。

2）程序员：进行机器人的操作，在安全栅栏内进行机器人的示教等操作的人员。

3）维修工程师：在安全栅栏内进行机器人的示教，进行机器人维护（修理、调整、更换）作业的人员。

操作者不能在安全栅栏内进行作业。

在进行机器人的操作、编程、维护时，操作者、程序员、维修工程师必须注意安全，至少应穿戴下列物品进行作业。

1）适合于作业内容的工作服。

2）安全鞋。

3）安全帽。

2. 系统整体安全措施

1）使用机器人系统的作业人员，应通过安全使用培训。

2）在设备运转时，即使机器人看上去已经停止，也有可能是因为机器人在等待启动信号而处在即将动作的状态。即使在这样的状态下，也应该将机器人视为正在动作中。为了确保作业人员的安全，应当能够以警报灯等的显示或者响声等来切实告知作业人员机器人为动作的状态。

3）务必在系统的周围设置安全栅栏和安全门，使得如果不打开安全门，作业人员就不能进入安全栅栏内。安全门上应设置联锁装置、安全插销等，以使作业人员打开安全门时，机器人就会停下。

4）外围设备均应连接适当的地线。

5）应尽可能将外围设备设置在机器人的动作范围之外。

6）应在地板上画上线条等来标清机器人的动作范围，使作业人员了解机器人包含握持工具的动作范围。

7）应在地板上设置脚垫警报开关或安装上光电开关，以便当作业人员将要进入机器人的动作范围时，通过蜂鸣器或警示灯等发出警报，使机器人停下，由此来确保作业人员的安全。

8）应根据需要设置锁具，使得负责操作的作业人员以外者，不能接通机器人的电源。

9）在进行外围设备的个别调试时，务必断开机器人的电源后再执行。

10）在使用操作面板和示教器时，由于戴上手套操作有可能出现操作上的失误，因此，务必在摘下手套后再进行作业。

11）程序和系统变量等信息，可以保存到存储卡等存储介质中。为了预防由于意想不到的事故而引起数据丢失的情形，建议定期保存数据。

12）搬运或安装机器人时，务必按照本书所示的方法正确进行。如果以错误的方法进行作业，则有可能由于机器人的翻倒而导致作业人员受重伤。

13）在安装好以后首次使机器人操作时，务必以低速进行。然后，逐渐地加快速度，并确认是否有异常。

14）在操作机器人时，务必在确认安全栅栏内没有人员后再进行操作。同时，检查是否存在潜在的危险，当确认存在潜在危险时，务必排除危险后再进行操作。

15）不要在下面所示的情形下使用机器人。否则，不仅会给机器人和外围设备造成不良影响，而且还可能导致作业人员受重伤。

①在有可燃性的环境下。

②在有爆炸性的环境下。

③在存在大量辐射的环境下。

④在水中或高湿度环境下。

⑤以运输人或动物为目的的使用方法。

⑥作为脚搭子使用（爬到机器人上面，或悬垂于其下）。

16）在连接与停相关的外围设备（安全栅栏等）和机器人的各类信号（外部急停、栅栏等）时，务必确认停的动作，以避免错误连接。

17）有关架台的准备，在进行安装或者维修作业时，应注意高地作业的安全，应考虑脚手架和安全带安装的位置距离以确保安全。

3. 操作者的安全

操作者无权进行安全栅栏内的作业。

1）不需要操作机器人时，应断开机器人控制装置的电源，或者在按下急停按钮的状态下进行作业。

2）应在安全栅栏外进行机器人系统的操作。

3）为了预防负责操作的作业人员以外者意外进入，或者为了避免操作者进入危险场所，应设置防护栅栏和安全门。

4）应在操作者伸手可及之处设置急停按钮。

4. 程序员的安全

在进行机器人的示教作业时，某些情况下需要进入机器人的动作范围内。程序员尤其要注意安全。

1）在不需要进入机器人的动作范围的情形下，务必在机器人的动作范围外进行作业。

2）在进行示教作业之前，应确认机器人或者外围设备没有处在危险的状态且没有异常。

3）在迫不得已的情况下需要进入机器人的动作范围内进行示教作业时，应事先确认安全装置（如急停按钮、示教器的安全开关等）的位置和状态等。

4）程序员应特别注意，勿使其他人员进入机器人的动作范围。

5）编程时应尽可能在安全栅栏的外边进行。因不得已情形而需要在安全栅栏内进行时，应注意下列事项。

①仔细查看安全栅栏内的情况，确认没有危险后再进入栅栏内部。

②要做到随时都可以按下急停按钮。

③应以低速运行机器人。

④应在确认系统状态后进行作业，以避免由于针对外围设备的遥控指令和动作等而导致作业人员陷入危险境地。

6）从操作箱/操作面板使机器人启动时，应在充分确认机器人的动作范围内没有人且没有异常后再执行。

7）在程序结束后，务必按照下列步骤执行测试运转。

①在低速下，以单步模式执行至少一个循环。

②在低速下，以连续运转模式执行至少一个循环。

③在中速下，以连续运转模式执行一个循环，确认没有由于时滞等而引起的异常。

④在运转速度下，以连续运转模式执行一个循环，确认可以顺畅地进行自动运行。

⑤通过上面的测试运转确认程序没有差错，然后在自动运行下执行程序。

8）在进行自动运转时，程序员务必撤离到安全栅栏外。

5. 维修工程师的安全

为了确保维修工程师的安全，应注意下列事项。

1）在机器人运转过程中，切勿进入机器人的动作范围。

2）应尽可能在断开机器人和系统电源的状态下进行作业。当接通电源时，有的作业有触电的危险。此外，应根据需要上好锁，以使其他人员不能接通电源。即使是在迫不得已而需要接通电源后再进行作业的情形下，也应尽量按下急停按钮后再进行作业。

3）在通电中因迫不得已的情况而需要进入机器人的动作范围时，应在按下操作箱/操作面板或者示教器的急停按钮后再入内。此外，作业人员应挂上“正在进行维修作业”的标牌，提醒其他人员不要随意操作机器人。

4）在进入安全栅栏内部时，要仔细查看整个系统，确认没有危险后再入内。如果在存在危险的情形下不得不进入栅栏，则必须把握系统的状态，同时要十分小心地入内。

5）在进行气动系统的维修时，务必释放供应气压，将管路内的压力降低到 0 以后再进行。

6）在进行维修作业之前，应确认机器人或者外围设备没有处在危险的状态且没有异常。

7）当机器人的动作范围有人时，切勿执行自动运转。

8）在墙壁和器具等旁边进行作业，或者几个作业人员相互接近时，应注意不要堵住其他作业人员的逃生通道。

9）当机器人上备有工具，以及除了机器人外还有传送带等可动器具时，应充分注意这些装置的运动。

10）作业时，应在操作箱/操作面板的旁边配置一名熟悉机器人系统且能够察觉危险的人员，使其处在任何时候都可以按下急停按钮。

11）在更换部件或重新组装时，应注意避免异物的黏附或者异物的混入。

12）在检修控制装置内部时，如要触摸单元、印制电路板等，为了预防触电，务必先断开控制装置的主断路器的电源，然后再进行作业。在检修 2 台机柜的情况下，应断开其各自的断路器的电源。

13）更换部件务必使用 FANUC 公司指定的部件。若使用指定部件以外的部件，则有可能导致机器人的错误操作和破损。特别是熔丝等，如果使用额定值不同的熔丝，不仅会导致控制装置内部的部件损坏，而且还可能引发火灾。

14）维修作业结束后重新启动机器人系统时，应事先确认机器人动作范围内是否有人，机器人和外围设备是否异常。

15）在拆卸电动机和制动器时，应采取以吊车来吊运等措施后再拆除，以避免手臂等落下来。

16）应尽快擦掉洒落在地面上的润滑油，排除可能发生的危险。

17）伺服电动机、控制部内部、减速机、齿轮箱、手腕处会发热，需要注意。在发热的状态下因不得已而非触摸设备不可时，应准备好耐热手套等保护用具。

18）进行维护作业时，应配备适当的照明器具。但需要注意的是，不应使该照明器具成为导致新危险的根源。

19）在使用电动机和减速机等具有一定重量的部件和单元时，应使用吊车等辅助装置，以避免给作业人员带来过大的作业负担。需要注意的是，如果错误操作，将导致作业人员受重伤。

20）在进行作业的过程中，不要将脚搭放在机器人的某一部分上，也不要爬到机器人上面。这样不仅会给机器人造成不良影响，而且还有可能因为作业人员踩空而受伤。

21）在进行高地维修作业时，应确保安全的脚手台并系安全带。

22）维护作业结束后，应将机器人周围和安全栅栏内部洒落在地面的油和水、碎片等彻底清扫干净。

23）在更换部件时拆下来的部件（螺栓等），应正确装回其原来的部位。如果发现部件不够或部件有剩余，则应再次确认并正确安装。

24）进行维修作业时，因迫不得已而需要移动机器人时，应注意如下事项。

① 务必确保逃生退路。应在把握整个系统的操作情况后再进行作业，以避免由于机器人和外围设备而堵塞退路。

② 时刻注意周围是否存在危险，做好准备，以便在需要的时候可以随时按下急停按钮。

25）务必进行定期检修。如果懈怠定期检修，不仅会影响机器人的功能和使用寿命，而且还会导致意想不到的事故。

26）在更换完部件后，务必按照规定的方法进行测试运转。此时，作业人员务必在安全栅栏的外边进行操作。

项目测试

牢记机器人使用安全章程。

项目 2

机器人主要硬件

项目描述

本项目主要介绍机器人电气部与结构部的组成及其连接，需初步了解机器人的组成，掌握控制装置与结构部的线缆连接方法。

项目过程

1. 控制装置结构

（1）外观　图 2-1、图 2-2 为 R-30iB Mate 的外观。图 2-3 ～图 2-6 为 R-30iB Mate 内部部件安装图。

图 2-7 ～图 2-9 为操作面板和示教器的外观。

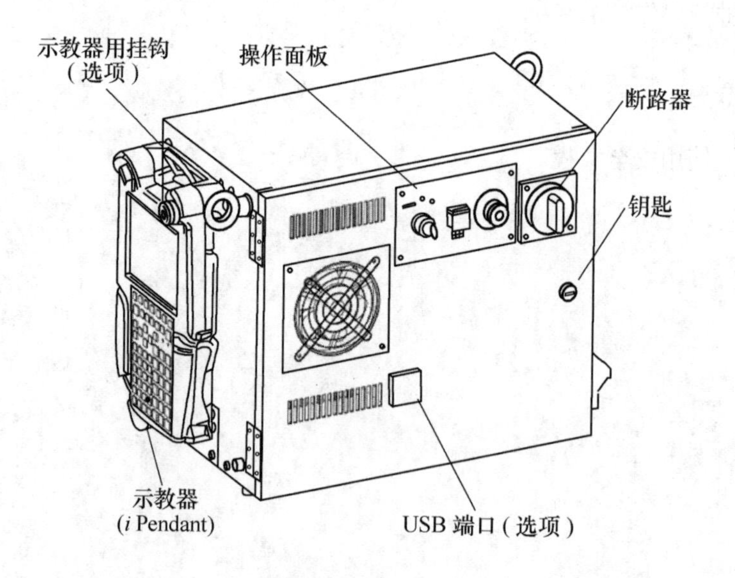

图　2-1

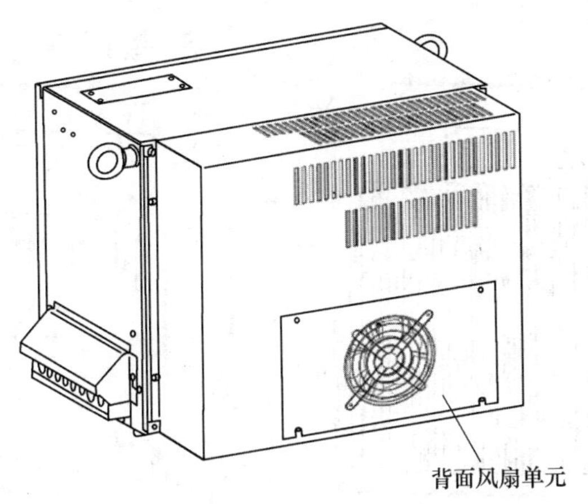
背面风扇单元

图 2-2

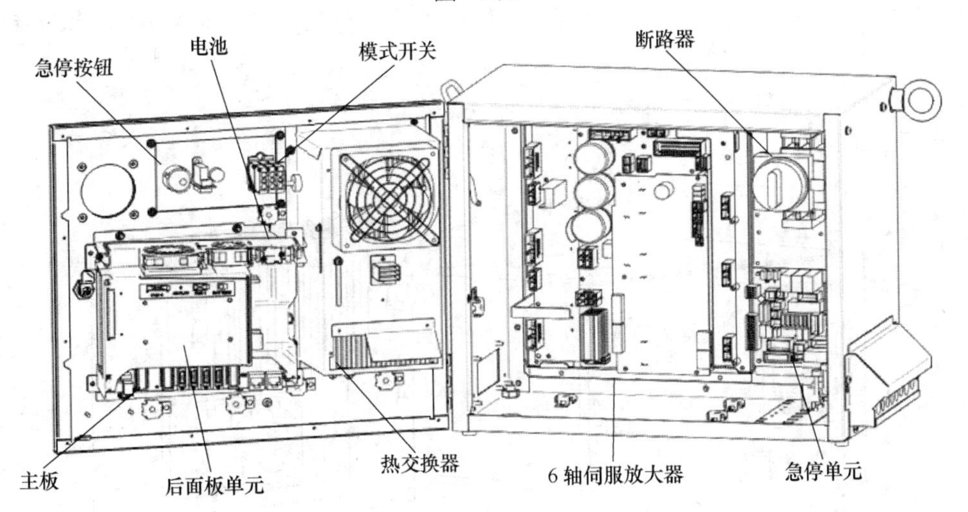
急停按钮
电池
模式开关
断路器
主板
后面板单元
热交换器
6 轴伺服放大器
急停单元

图 2-3

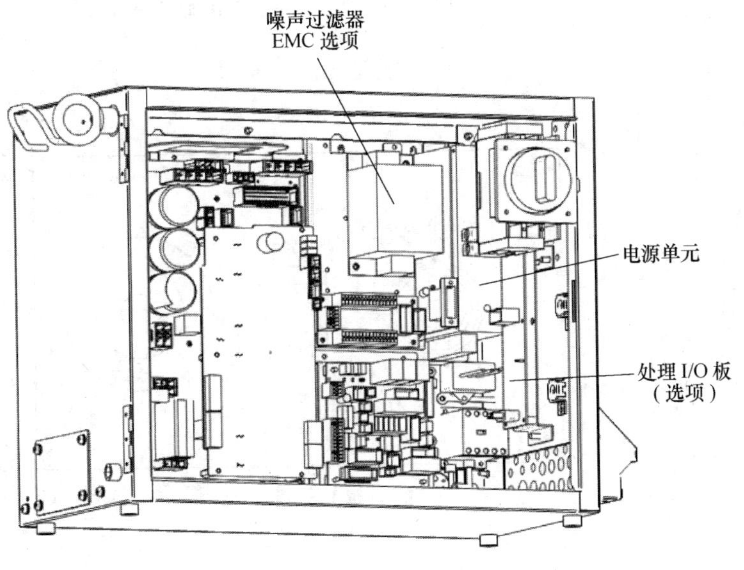
噪声过滤器
EMC 选项
电源单元
处理 I/O 板
(选项)

图 2-4

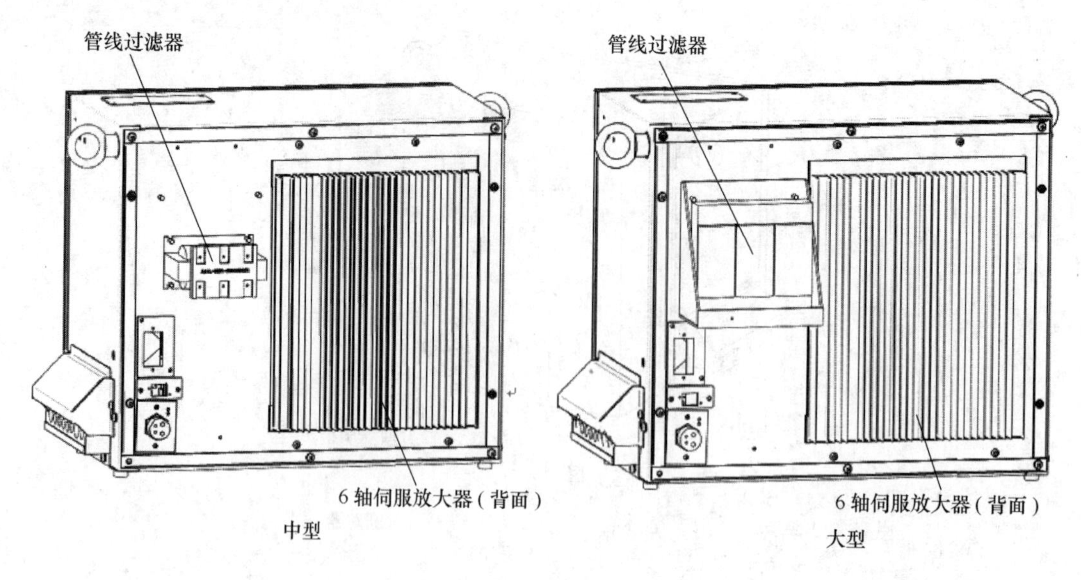
管线过滤器
6 轴伺服放大器（背面）
中型
管线过滤器
6 轴伺服放大器（背面）
大型

图 2-5

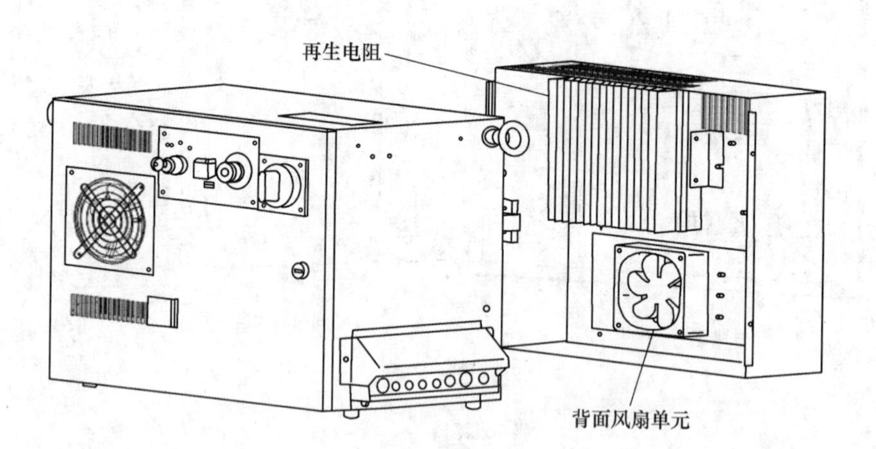
再生电阻
背面风扇单元

图 2-6

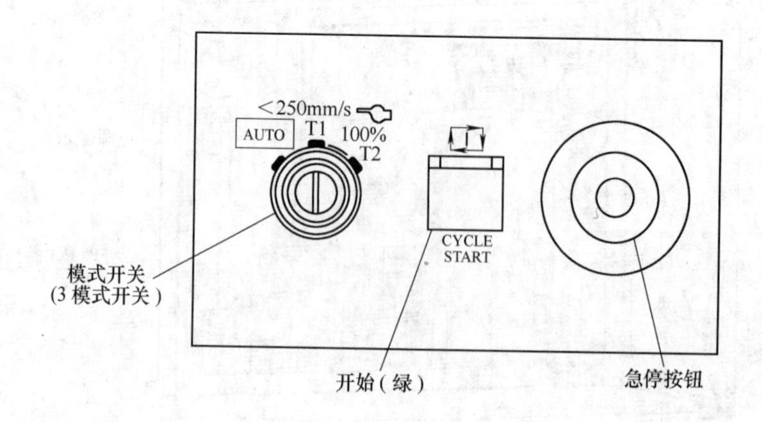
<250mm/s
AUTO
T1
100%
T2
CYCLE
START
模式开关
(3 模式开关)
开始（绿）
急停按钮

图 2-7

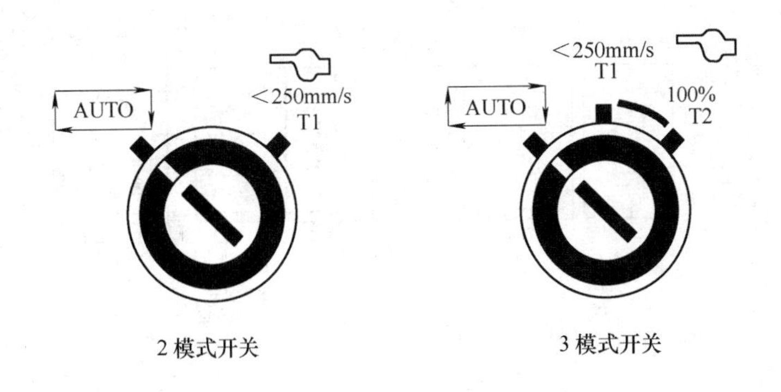

图 2-8

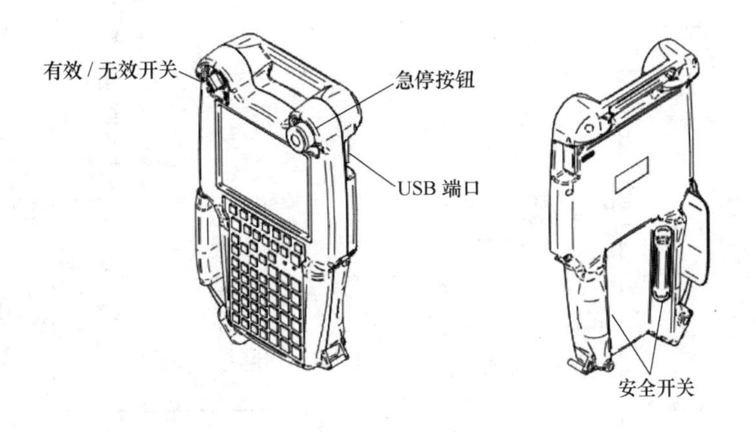

图 2-9

（2）控制装置各部件的功能　图 2-10 为单元构成示意图。

1）主板：主板上安装有微处理器及其外围电路、存储器、操作箱控制电路。主板还进行伺服系统的位置控制。

2）I/O 印制电路板：根据 I/O 处理等应用备有各类印制电路板。全部通过 FANUC I/O 连接来连接。

3）急停单元：用于控制急停。备有与安全相关的信号等端子台。

4）电源单元：用来将 AC 电源转换为各类 DC 电源。

5）后面板：后面板上安装有各类控制板。

6）示教器：包括机器人的编程作业在内的所有作业，都通过示教器进行操作。另外，示教器还通过 LCD（液晶显示屏）显示控制装置的状态、数据等。

7）6 轴伺服放大器：伺服放大器进行伺服电动机的控制，脉冲编码器信号的接收，制动器的控制，超程、机械手断裂等方面的控制。

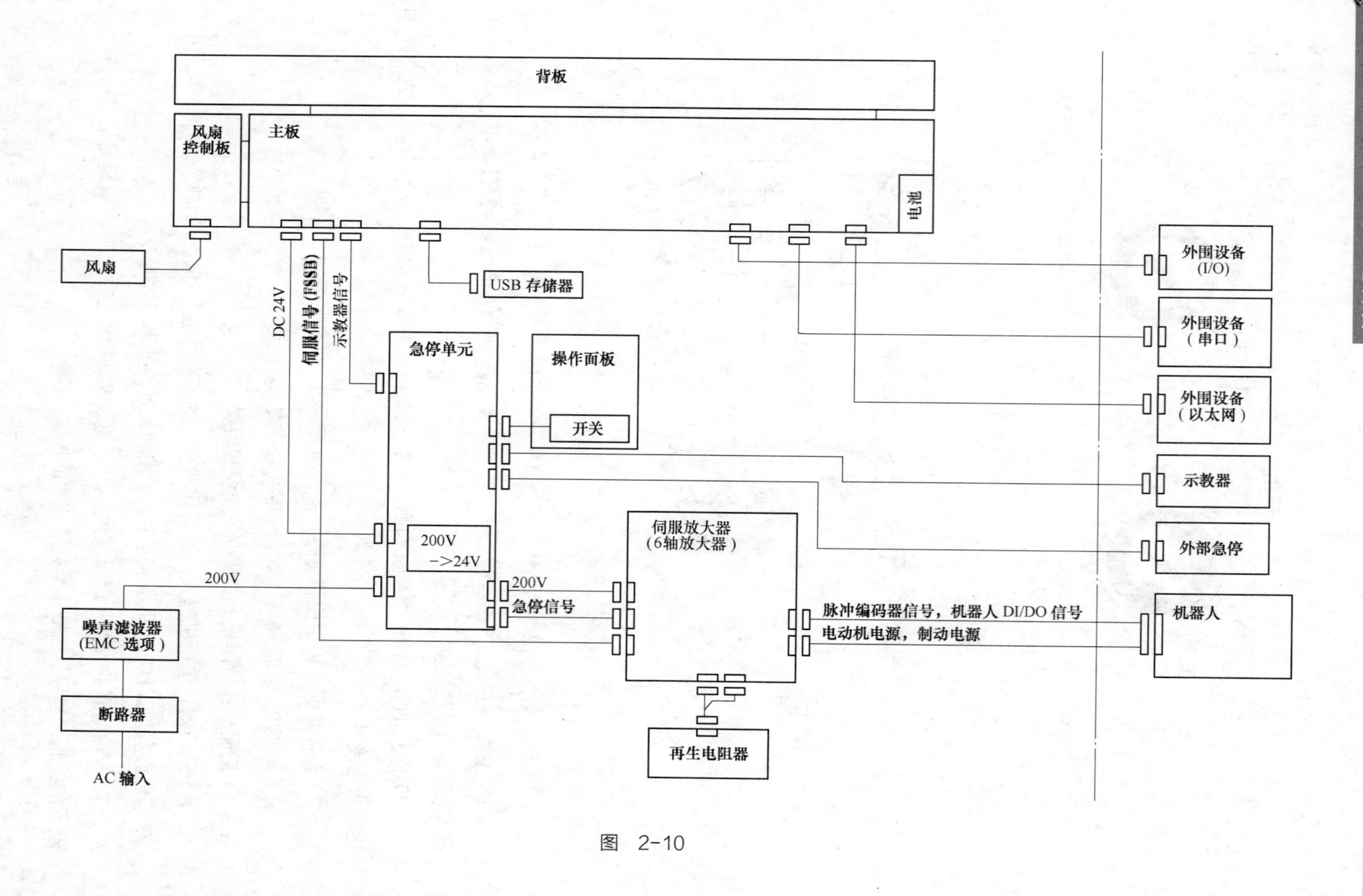
背板
风扇
控制板
主板
电池
风扇
USB 存储器
DC 24V
伺服信号（FSSB）
示教器信号
急停单元
操作面板
开关
200V
—>24V
200V
200V
急停信号
伺服放大器
（6轴放大器）
噪声滤波器
(EMC 选项)
断路器
AC 输入
再生电阻器
外围设备
(I/O)
外围设备
（串口）
外围设备
（以太网）
示教器
外部急停
机器人
脉冲编码器信号，机器人 DI/DO 信号
电动机电源，制动电源

图 2-10

8）操作面板：操作面板通过按钮和 LED 进行机器人的状态显示、启动等操作。

9）风扇单元、热交换器：风扇单元和热交换器用来冷却控制装置内部。

10）断路器：在由于控制装置内部的电气系统异常或者输入电源异常而流过强电流时，为了保护设备，输入电源连接断路器。

11）再生电阻：再生电阻作为用来释放伺服电动机的反电动势而连接于伺服放大器上。

2. 机构组成

FANUC 机器人机构组成如图 2-11 所示。

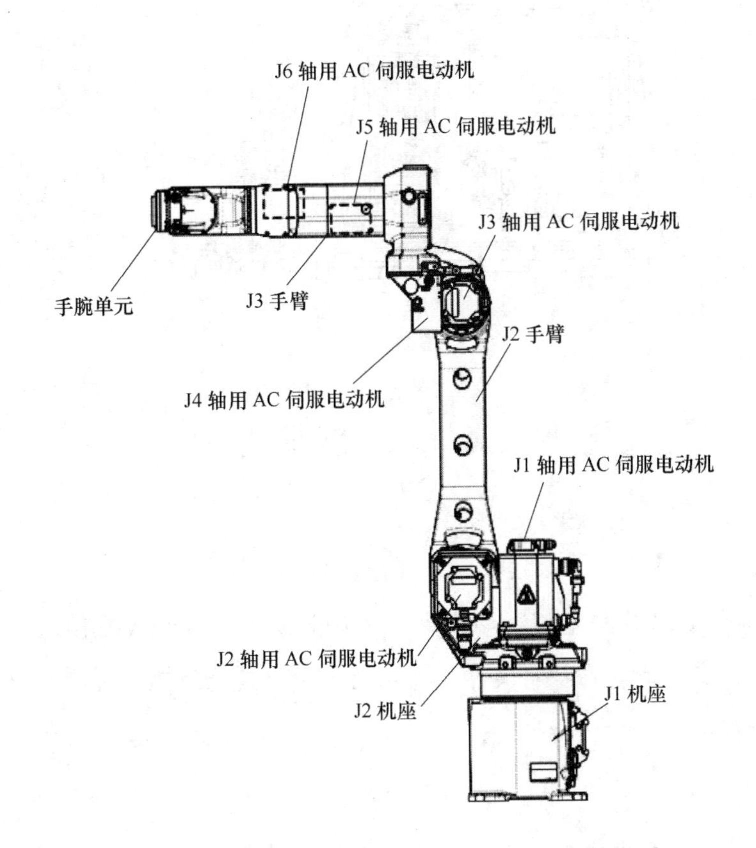

图　2-11

3. 与控制装置的连接

机器人与控制装置 (NC) 之间的连接电缆，有动力电缆、信号电缆和接地线。各电缆连接于机座背面的连接器部分，如图 2-12 所示。

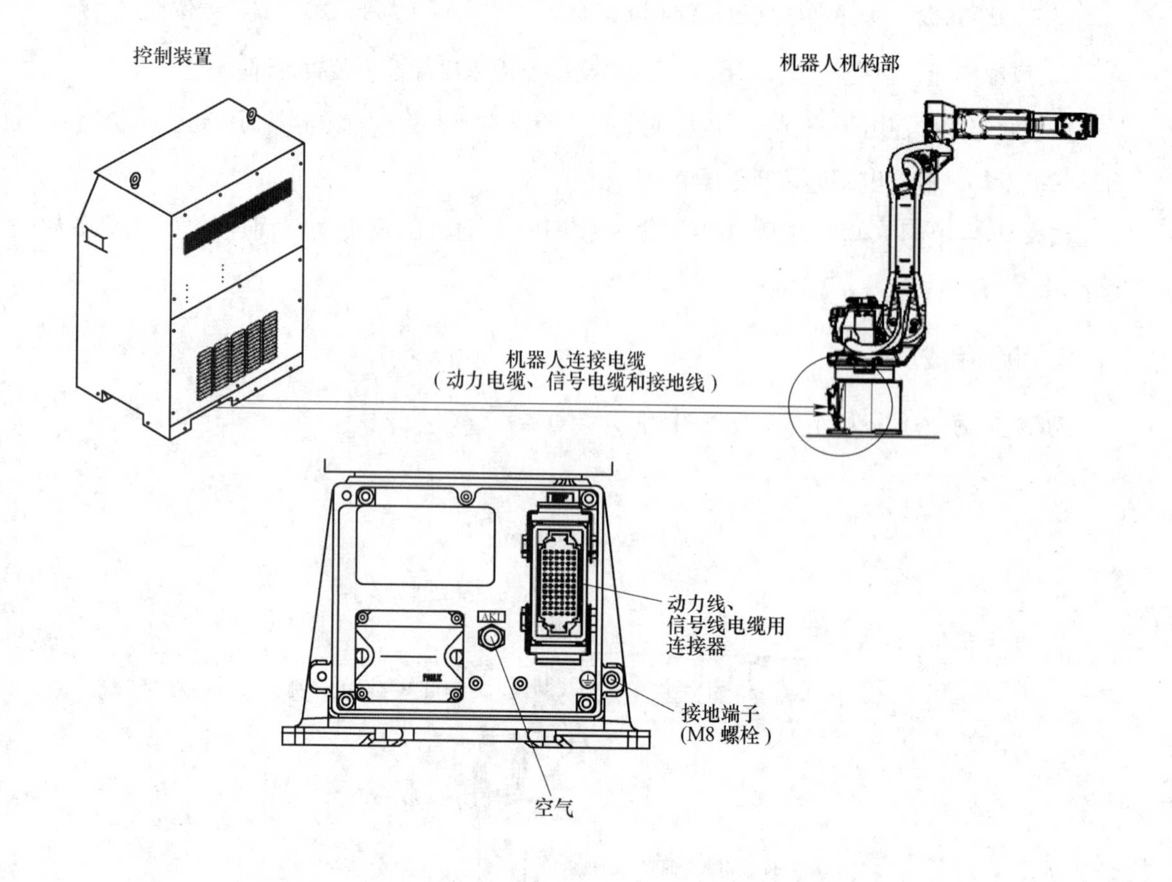

图 2-12

注意

1）电缆的连接作业，务必在切断电源后进行。

2）不能将机器人连接电缆的多余部分（10m 以上）卷绕成线圈状使用。若卷绕成线圈状使用，有可能会在执行某些机器人动作时导致电缆温度大幅度上升，从而对电缆的包覆造成不良影响。

警告

接通控制装置的电源之前，应通过地线连接机器人机构部分和控制装置。尚未连接地线的情况下，有触电危险。

4. 电源

电源的设定和调节，在装置出厂时已经完成，通常用户不必进行设定和调节，如图 2-13 所示。

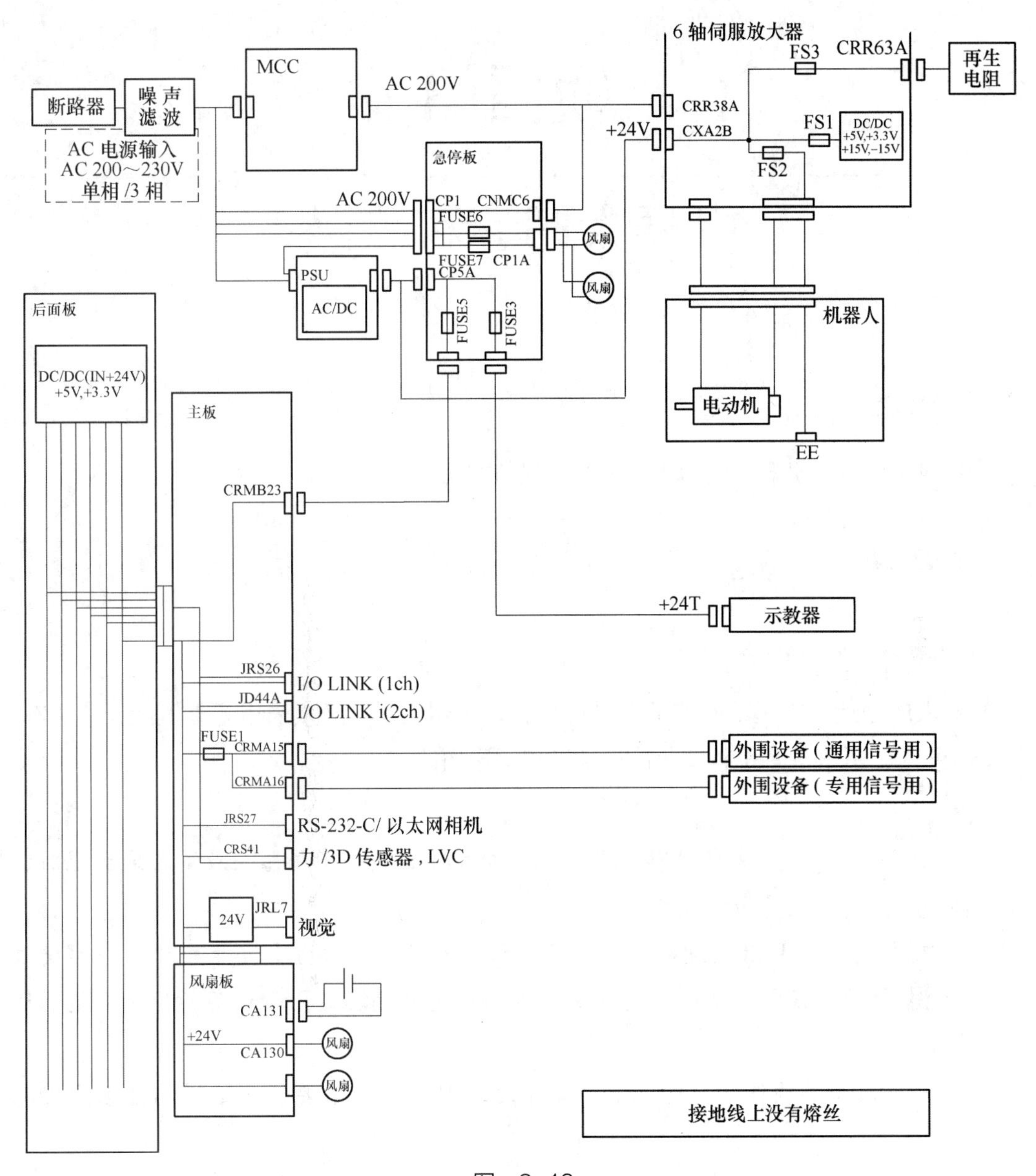

图　2-13

项目测试

1. 观察机器人各个组成部分。
2. 熟悉各部分的功能与特点。
3. 对控制装置与机构部分进行实际接线。

项目 3

机器人搬运和安装

项目描述

本项目主要介绍机器人搬运和安装的过程与方法。

项目过程

1. 机器人搬运

机器人的搬运采用起重机或叉车进行。搬运机器人时，必须采用起重机搬运和叉车搬运的运送姿势，并在规定位置安装吊环螺钉和运送构件。

警告

1）在用起重机或叉车来搬运机器人时，应慎重进行。将机器人放置在地板上时，应注意避免机器人设置面强烈抵碰地板。

2）在装有夹具和附带设备的情况下，机器人的重心位置会发生变化，在运送过程中可能会导致不稳定，所以在运送时，务必将这些夹具或附带设备拆除（焊枪、送丝机等轻量物除外）。

3）叉车用运送构件，只能在采用叉车运送时使用。不要使用运送构件来固定机器人。

4）使用运送构件运送机器人的情况下，应事先检查运送构件的固定螺栓，拧紧松开的螺栓。

5）请勿横拉吊环螺钉。

（1）用起重机搬运　如图 3-1 所示。

将 M10 吊环螺钉安装在机器人机座的 2 个部位，用 2 根吊索将其吊起来。按照图 3-1 所示方式使 2 根吊索交叉地进行吊装。

注意

吊起机器人时，应避免吊索损坏电动机、连接器和电缆等。

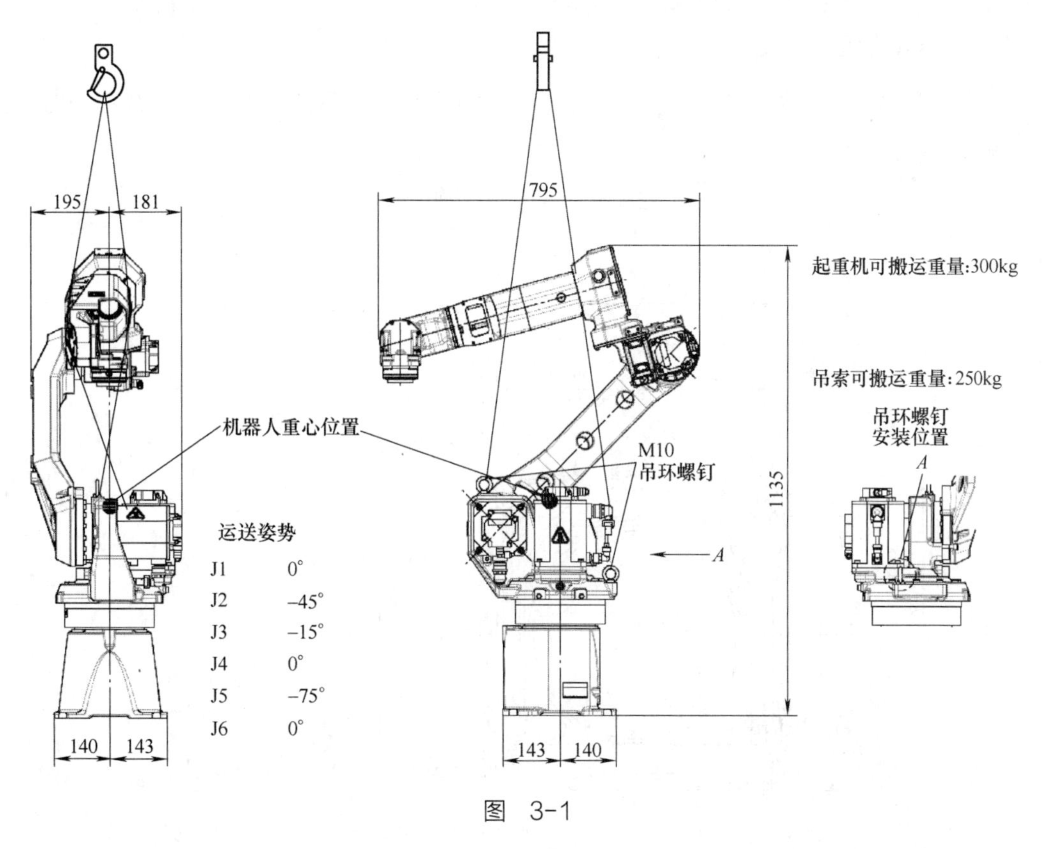

图　3-1

（2）用叉车搬运　如图 3-2 所示，安装专用的运送构件后搬运。运送构件作为选项提供。

注意

应避免叉车的卡爪与运送部件发生猛力触碰。

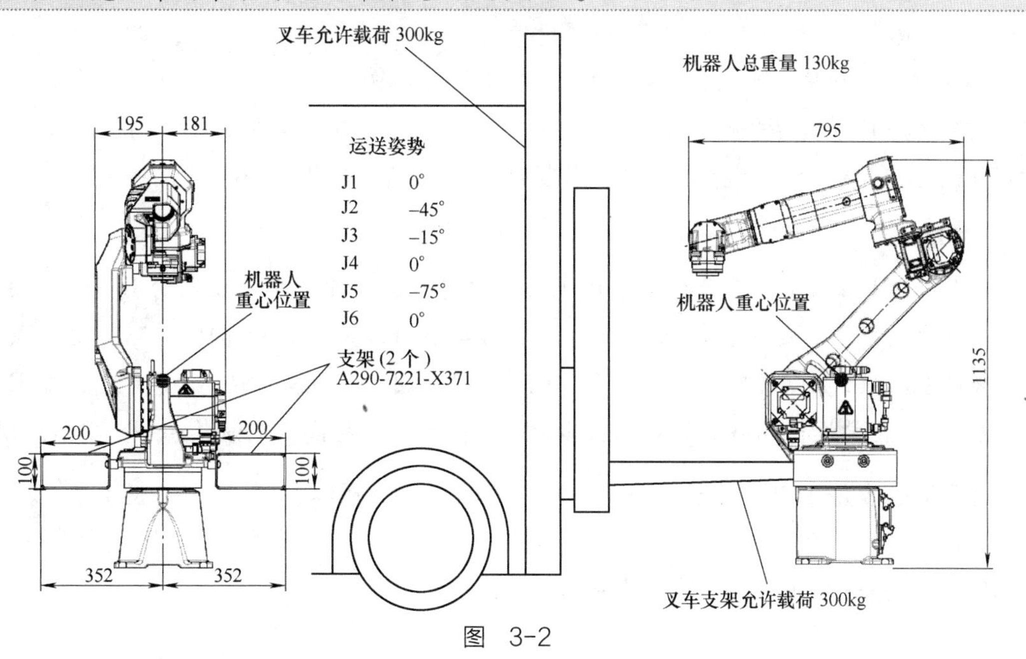

图　3-2

2. 机器人安装

机器人机座的尺寸如图 3-3 所示。为了便于零点标定夹具的安装，不要在正面方向上设置凸起物等障碍物。

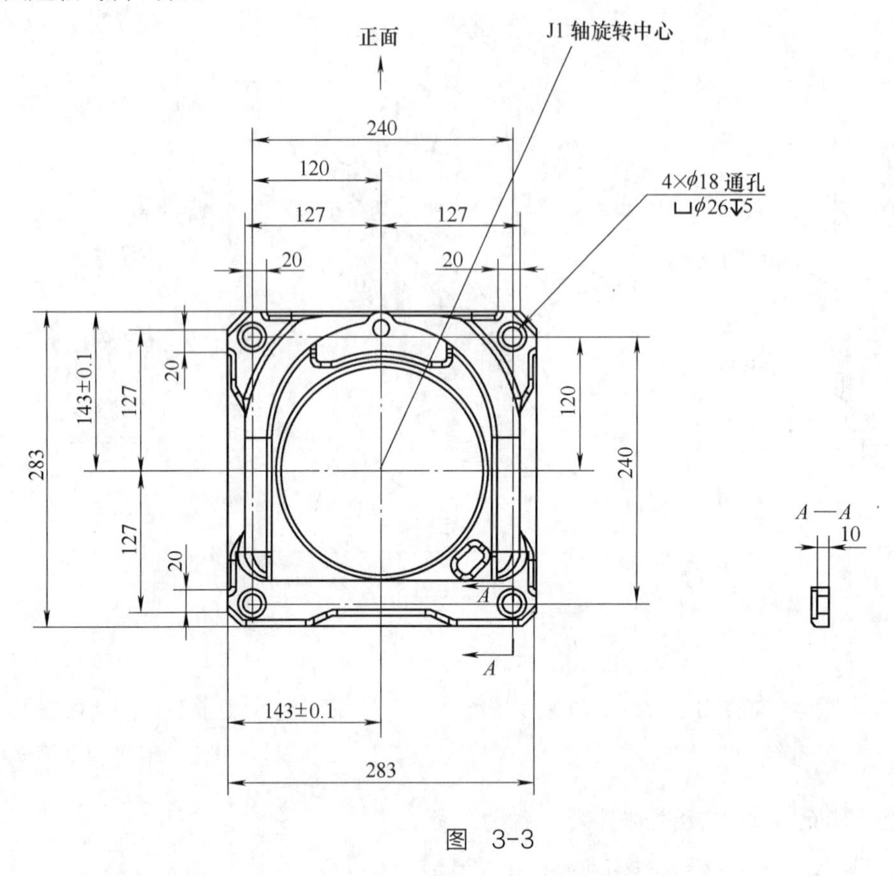

图 3-3

（1）机器人安装方法　图 3-4 为机器人安装的具体例子。用 4 个 M20 化学螺栓（抗拉强度为 4×10^8Pa）固定垫板。用 4 个 M16×35（抗拉强度为 1.2×10^9Pa）将机器人机座固定在垫板上。更换机器人机构部件时，若要求示教的兼容性，应利用安装面。

注释

定位用插脚、化学螺栓、地装底板由客户自备。不能在机座设置面用楔形或按压螺栓进行调平。固定机器人机座时，应使用 4 个内六角孔螺栓 M16×35（抗拉强度 1.2×10^9Pa 以上）以规定的力矩 318N・m 予以紧固。化学螺栓的强度受到混凝土强度的影响。化学螺栓的施工，应参照各制造厂商的设计指南，充分考虑安全率后使用。

图 3-5 和表 3-1 中为机器人断电停止时作用于机器人机座的力和力矩。表 3-2 和表 3-3 中示出输入了停止信号后进行断电停止或者控制停止前 J1 ～ J3 轴的惯性移动时间和惯性移动角度。应根据安装面的强度进行参考。

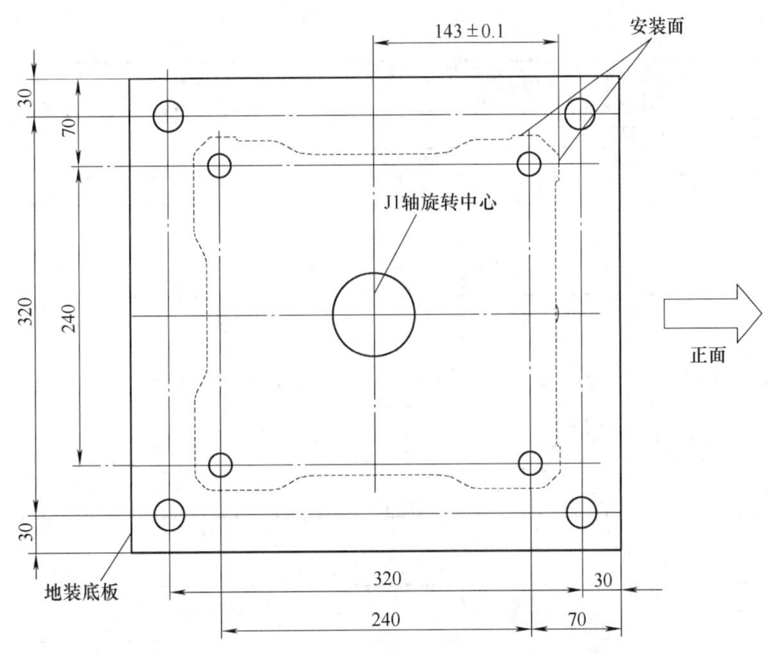
143±0.1
安装面
30
70
J1轴旋转中心
320
240
正面
30
地装底板
320
30
240
70

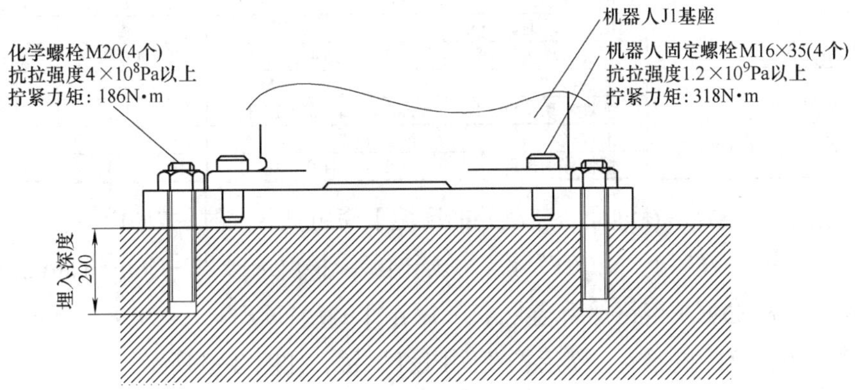
机器人J1基座
化学螺栓M20(4个)
抗拉强度4×10^{8}Pa以上
拧紧力矩：186N·m
机器人固定螺栓M16×35(4个)
抗拉强度1.2×10^{9}Pa以上
拧紧力矩：318N·m
埋入深度
200

图 3-4

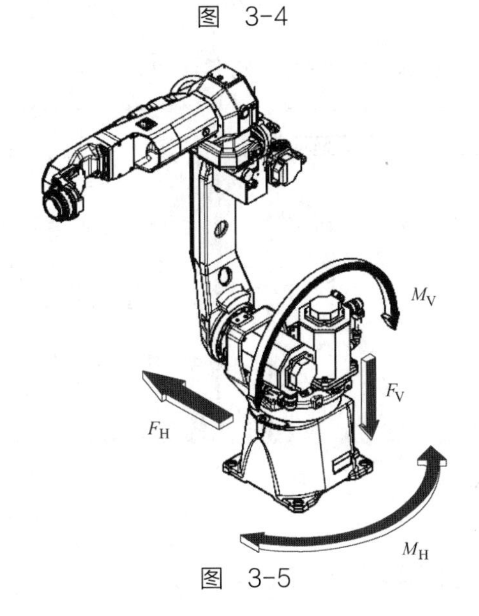
M_V
F_V
F_H
M_H

图 3-5

表 3-1

状　态	垂直面力矩 M_V/N·m (kgf·m)	垂直方向作用力 F_V/N (kgf)	水平面力矩 M_H /N·m (kgf·m)	水平方向作用力 F_H/N (kgf)
静止	679（69）	1470（150）	0（0）	0（0）
加/减速	3116（318）	2481（253）	1083（110）	2285（233）
断电停止	9718（992）	6840（698）	3910（399）	4289（438）

表 3-2

机　型	参　数	J1 轴	J2 轴	J3 轴
ARC Mate 100iC/12，M-10iA/12	惯性移动时间 /ms	74	86	124
	惯性移动角度 /（°）(rad)	9.1（0.16）	9.4（0.16）	12.0（0.21）
ARC Mate 100iC/7L，M-10iA/7L	惯性移动时间 /ms	76	76	100
	惯性移动角度 /（°）(rad)	7.9（0.14）	8.1（0.14）	6.8（0.12）
ARC Mate 100iC/12S，M-10iA/12S	惯性移动时间 /ms	100	116	100
	惯性移动角度 /（°）rad)	17.7（0.24）	17.9（0.31）	11.9（0.21）
ARC Mate 100iC/8L，M-10iA/8L	惯性移动时间 /ms	86	119	97
	惯性移动角度 /（°）(rad)	12.2（0.21）	15.7（0.27）	7.0（0.12）

表 3-3

机　型	参　数	J1 轴	J2 轴	J3 轴
ARC Mate 100iC/12，M-10iA/12	惯性移动时间 /ms	484	476	484
	惯性移动角度 /（°）(rad)	59.9（1.04）	58.7（1.02）	44.9（0.78）
ARC Mate 100iC/7L，M-10iA/7L	惯性移动时间 /ms	492	468	476
	惯性移动角度 /（°）(rad)	55.4（0.97）	38.2（0.67）	35.1（0.61）
ARC Mate 100iC/12S，M-10iA/12S	惯性移动时间 /ms	540	364	540
	惯性移动角度 /（°）(rad)	76.0（1.33）	39.1（0.68）	60.1（1.05）
ARC Mate 100iC/8L，M-10iA/8L	惯性移动时间 /ms	431	423	416
	惯性移动角度 /（°）(rad)	54.9（0.96）	45.6（0.80）	30.8（0.54）

（2）安装角度的设定　在地面安装以外的环境下使用机器人时，按照以下步骤设置角度。

1）同时按“PREV”和“NEXT”键，接通电源，接着选择“7-Controlled start”。

2）按菜单（MENU）键，然后选择“9 MAINTENANCE”。

3）选择设置角度的机器人，然后按“INPUT”键，如图 3-6 所示。

4）按“F4”键。

5）按“ENTER”键，直到出现图 3-7 所示界面。

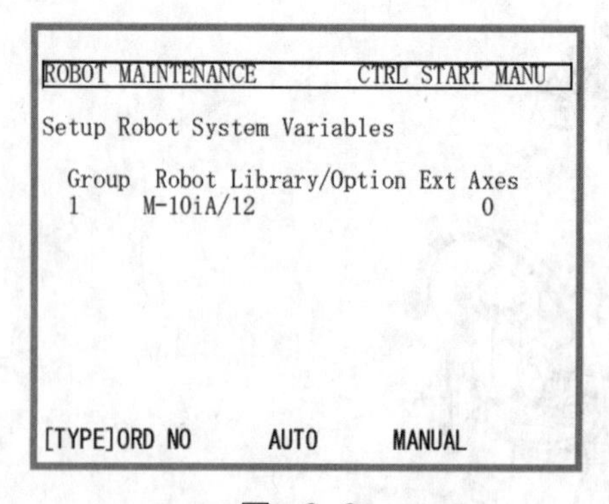

图 3-6

```
*******Group 1 Initialization***********
*************M-10iA/12****************

--- MOUNT ANGLE SETTING ---

  0 [deg] : floor mount type
 90 [deg] : wall mount type
180 [deg] : upside-down mount type

Set mount_angle (0-180[deg])->
Default value = 0
```

图 3-7

6）按图 3-8 所示输入设置角度值。

7）按“ENTER”键，直到再度出现图 3-9 所示界面。

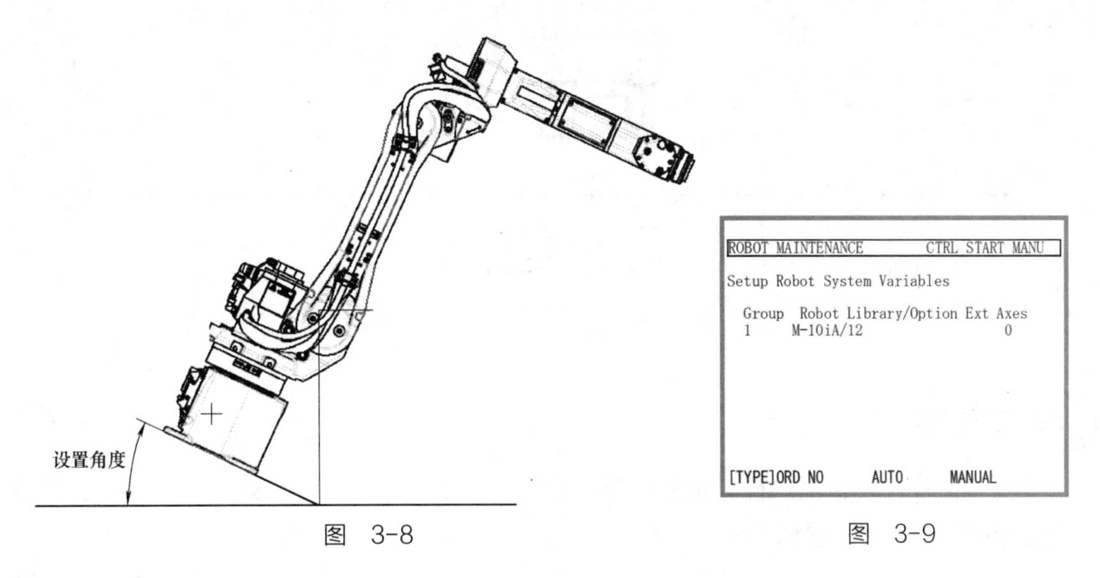

图　3-8　　　　图　3-9

8）按“FCTN”键，然后选择“1 START（COLD）”。

3. 维修空间

图 3-10 示出维修空间的布局图。维修时应确保零点标定区域。

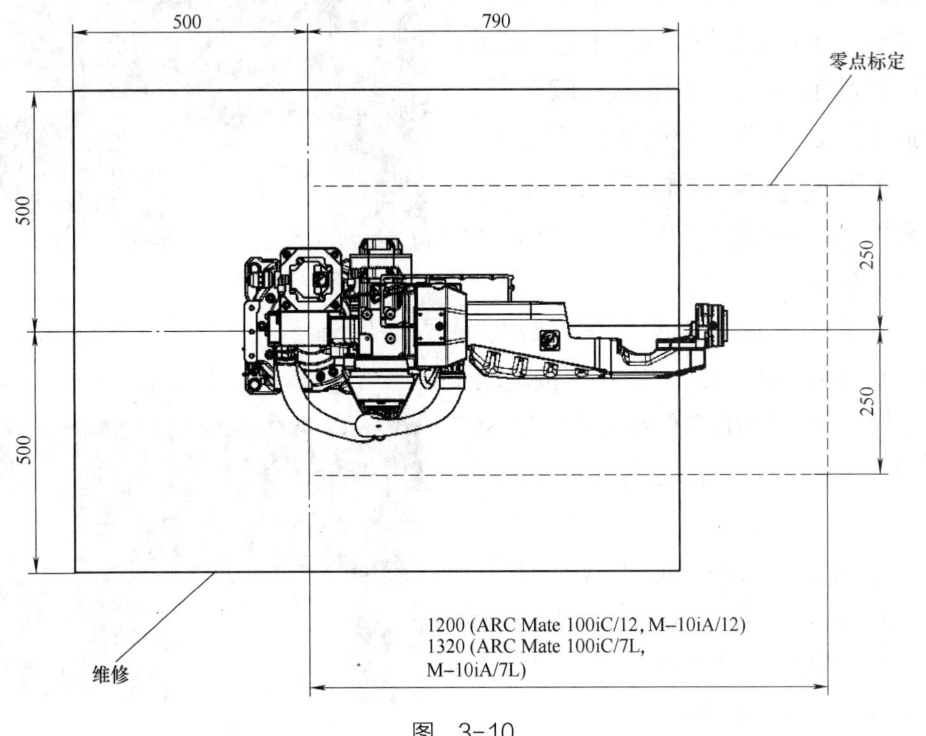

图　3-10

项目测试

阐述机器人的搬运和安装方法。

项目 4

日常维护

项目描述

本项目主要介绍机器人机械部分的日常维护，包括了日常安全检查、月度检查、半年检查三个阶段。读者应熟练掌握。

项目过程

1. 日常安全检查

安全机构是保证人身安全的前提，安全机构检查应纳入日常点检范围。机器人安全使用要遵循的原则有：不随意短接、不随意改造、不随意拆除、操作规范。具体检查项目如下：

（1）机器人急停按钮的检查　包括控制柜急停按钮和手持示教盒急停按钮。图 4-1 所示为控制柜急停按钮。

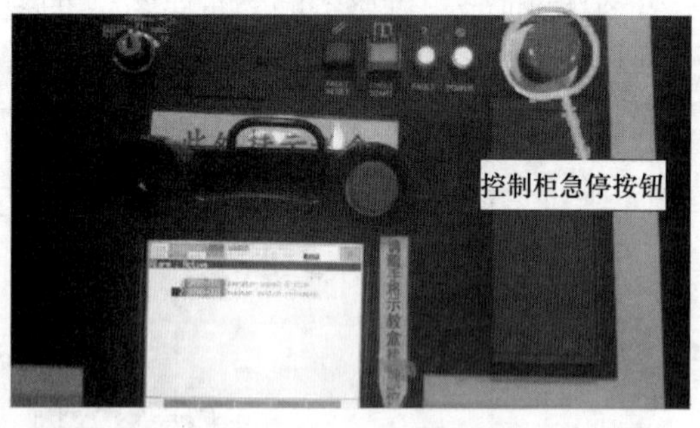

图　4-1

检查方法：按控制柜上的急停按钮，确认界面是否显示“SRVO-001 Operator panel E-stop”自诊断信息；按“MENU”按钮，选择“4 ALARM”，显示报警界面。

顺时针方向旋转拉出急停按钮后按 RESET 复位按钮，确认界面上的紧急停止报警信息是否消失。

按手持示教盒上急停按钮，如图 4-2 所示。确认界面是否显示“SRVO-002 Teach pendant E-stop”自诊断信息；按“MENU”按钮，选择“4 ALARM”，显示报警界面。

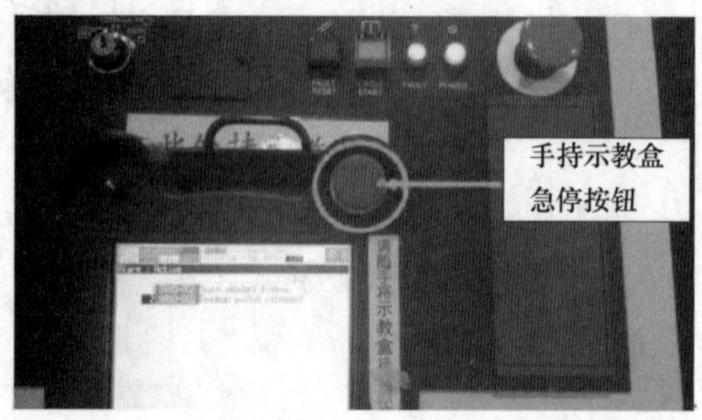

图　4-2

顺时针方向旋转拉出急停按钮后按“RESET”复位按钮，确认界面上的紧急停止报警信息是否消失。

（2）安全门及门开关的检查　检查方法及要求：机器人处于停止状态，控制柜模式

开关处于 AUTO 位置，机器人不显示任何报警信息。拉开安全门，确认界面是否显示“SRVO-004 Fence open”自诊断信息；按 MENU 按钮，选择“4 ALARM”，显示报警界面。关上安全门后按系统复位按钮，确认界面上的门开关报警信息是否消失，如图 4-3 所示。

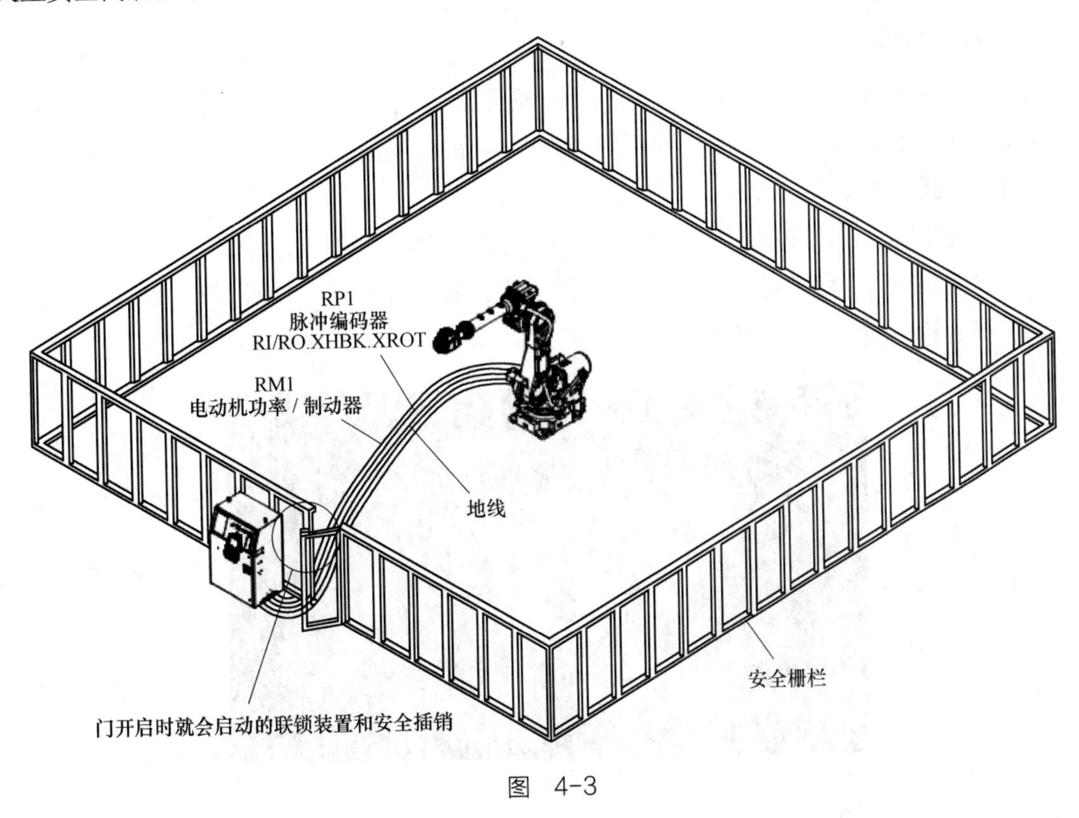

图　4-3

（3）外部急停开关的检查　检查方法：机器人处于停止状态下，机器人不显示任何报警信息，按外部急停按钮；确认界面是否显示“SRVO-007 External E-stop”自诊断信息；按“MENU”按钮，选择“4 ALARM”，显示报警界面，如图 4-4 所示。

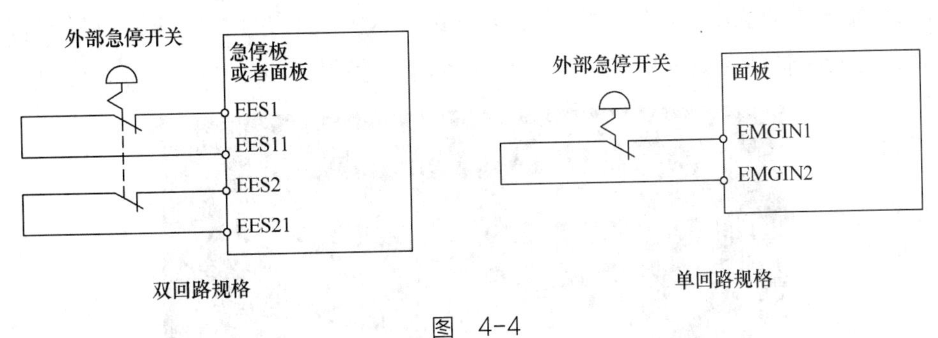

图　4-4

顺时针方向旋转拉出急停按钮后按“RESET”复位按钮，确认界面上的紧急停止报警信息是否消失。

备注：R-30IB 系列控制器安全信号全为双链规格，R-3iB Mate、R-30iA Mate、

R-30iB、R-30iB Mate 控制柜的安全门和外部急停信号连接于机器人控制器内急停（E-stop）板上，R-J3iB 和 R-30iA（R-J3iC）控制柜的安全门和外部急停信号连接于机器人控制器内配电盘（PANEL BOARD）上。

2. 月度检查

通过进行定期精度检查可以在长时间良好的状态下保持机器人的稳定性能，并可以预防事故发生和延长使用寿命。下面为每个月度将要检查的内容。

（1）机器人本体状态确认

1）观察机器人运行过程中各轴有无异常抖动和异常响声。

2）观察机器人运行电流，和以前数据做对比，看是否有明显变大（两次数据对比需要运行同一程序）。图 4-5 为各轴电流监控状态。

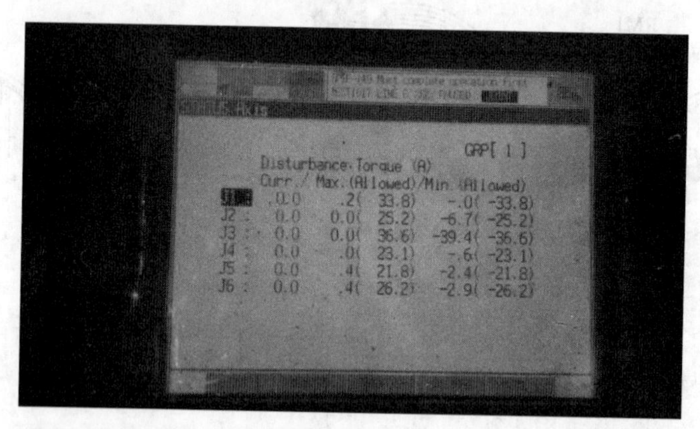

图 4-5

3）观察机器人运行时是否正常流畅连贯，有无抓取位置不良或焊缝偏移等问题（视不同应用方式）。

4）在机器人手动状态下检查电动机温度是否异常（注意高温）。

5）在机器人手动状态下操作示教器上 DEADMAN 开关（使能按键开关）进行伺服上电、断电操作，查看各轴位置数据变化。图 4-6 为各轴位置数据。

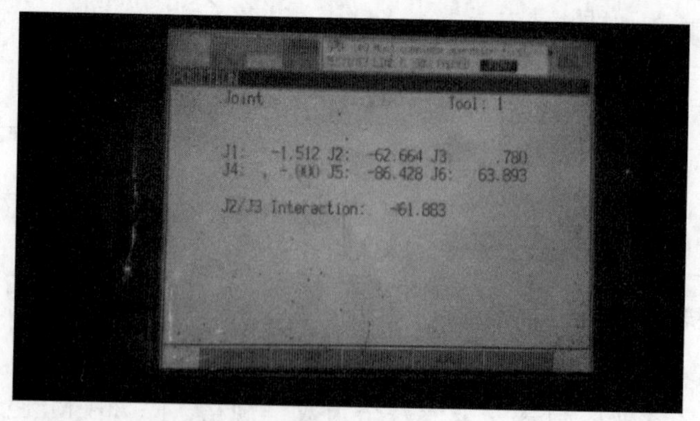

图 4-6

6）检查本体电缆防护套有无损坏（如恶劣环境的高温烫坏或金属割伤等），如图 4-7 所示。检查哈丁头有无水渍，如图 4-8 所示。检查电动机接头，如图 4-9 所示。检查手腕油封周围是否有异物（切屑和飞溅易导致异常磨损及漏油），如图 4-10 所示。检查本体平衡缸拉杆，如图 4-11 所示。

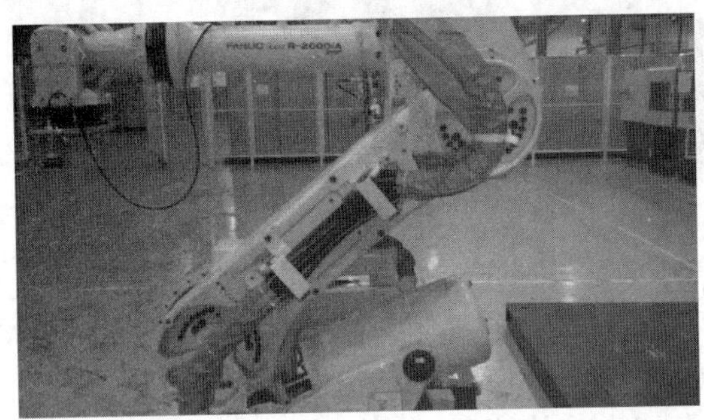

图　4-7

图　4-8

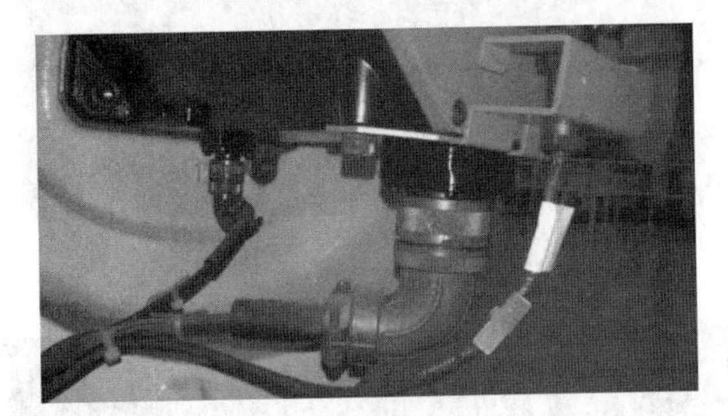

图　4-9

图　4-10

图 4-11

7）确认机器人供气使用的空气压缩调压及过滤装置的压力表压力（0.49 ～ 0.69MPa）（选装），如图 4-12 所示。

8）检查并确认现场机器人本体使用环境整洁。

（2）机器人控制柜状态确认

1）检查示教器电缆有无压坏破损，电缆与示教器接头是否连接紧固，示教器电缆是否过度扭曲，如图 4-13 所示。

图 4-12

图 4-13

2）检查控制柜风口是否积聚大量灰尘，造成通风不良，如图 4-14 ～图 4-17 所示。

图　4-14

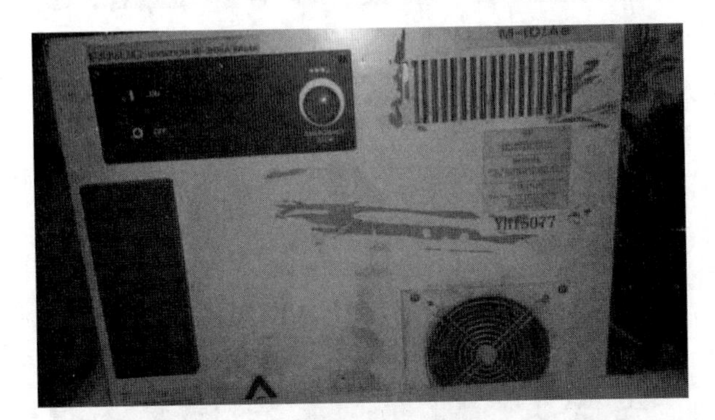

图　4-15

图　4-16

图　4-17

3）检查控制柜内风扇是否正常转动，如图 4-18 ～图 4-21 所示。

图 4-18

图 4-19

图 4-20

图 4-21

4）检查控制柜到本体连接电缆（RCC）是否有压坏破损，控制柜地面、走线槽内是否积水。图 4-22 为电缆走线检查。

图　4-22

5）检查示教器急停按钮、控制柜面板急停按钮、外围急停按钮、安全光栅、围栏动作信号是否有效可靠。图 4-23 为外围设备急停安全设施检查。

图　4-23

6）检查三相电源电压是否正常，确保线电压和相电压在正常范围内，接地良好。图 4-24 为外部输入三相电源检查。

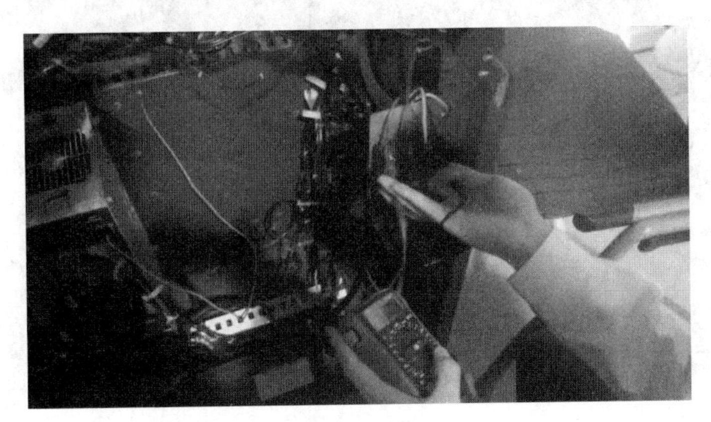

图　4-24

7）检查确认机器人控制柜现场环境整洁。

3. 半年检查

通过进行定期检查可以保持机器人运行的稳定性， 并可以预防事故发生和延长使用寿命。下面为半年检查内容。

机台点检项目：

（1）机器人本体状态确认

1）检查本体电缆防护套有无损坏（如恶劣环境的高温烫坏或金属割伤等），电缆有无扭曲，如图 4-7 所示。检查哈丁头有无水渍，如图 4-8 所示。对本体轴承补充润滑油脂，如图 4-25 所示。检查电动机接头，如图 4-9 所示。检查手腕油封周围是否有异物（切屑和飞溅易导致异常磨损及漏油），如图 4-10 所示。检查本体平衡缸拉杆，如图 4-11 所示。检查本体电池，建议本体电池每年更换，如图 4-26 所示。

图 4-25

图 4-26

更换本体电池操作：在控制器开机状态下拆开电池盒，更换新电池（注意正负极安装方向）。

2）检查机器人紧固螺栓。包括机器人手爪固定螺栓、机器人管线支架固定螺栓、机器人本体接线盒固定螺栓检查。露出机器人外螺栓检查，紧固螺栓时按标定扭力进行，如图 4-27 所示。

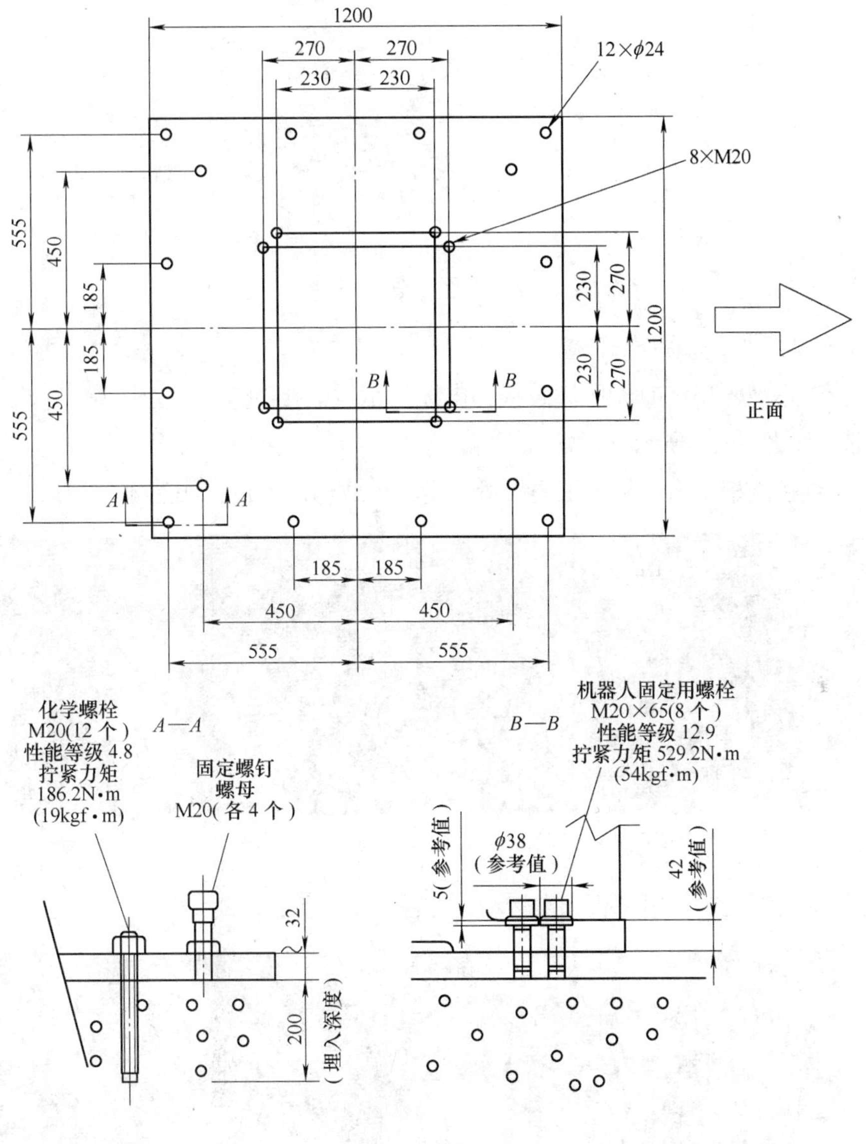

图　4-27

3）检查确认机器人本体整洁。清洁表面堆积物，平衡器等连杆和轴承周围进入切屑或飞溅物将导致异常磨损，手腕油封进入切屑或飞溅物将导致漏油。检查焊接电缆、焊枪与手臂间是否存在异常磨损。定期清洁部位如图 4-28 所示。

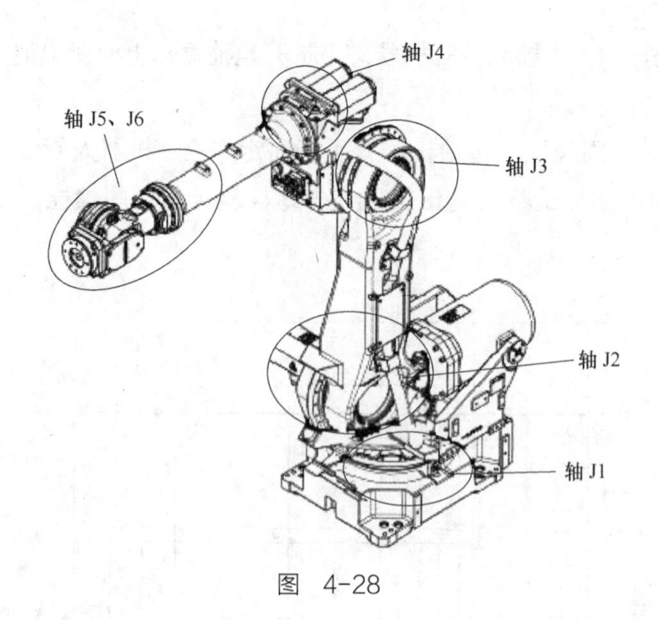

图　4-28

（2）机器人控制柜状态确认

1）检查示教器电缆有无压坏破损，电缆与示教器接头连接是否可靠，示教器电缆是否过度扭曲，如图 4-13 所示。

2）检查控制柜出风口是否积聚大量灰尘，造成通风不良，如图 4-29 所示。

图　4-29

3）检查控制柜内风扇是否正常转动，如图 4-30 所示。

图　4-30

4）检查控制柜到本体连接电缆（RCC）是否有压坏破损，控制柜地面、走线槽内是否积水，如图 4-22 所示。

5）检查控制器急停按钮、外围急停按钮、安全光栅、围栏动作信号是否有效，如图 4-23 所示。

6）记录机器人零位置数据，如图 4-31 所示。

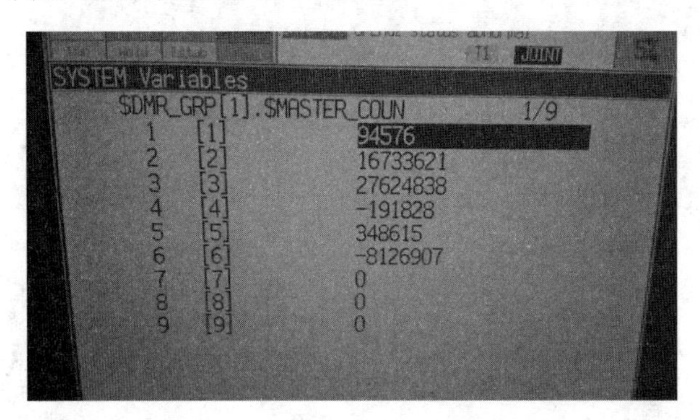

图　4-31

7）记录机器人参考位置（工作原点）数据，如图 4-32 所示。

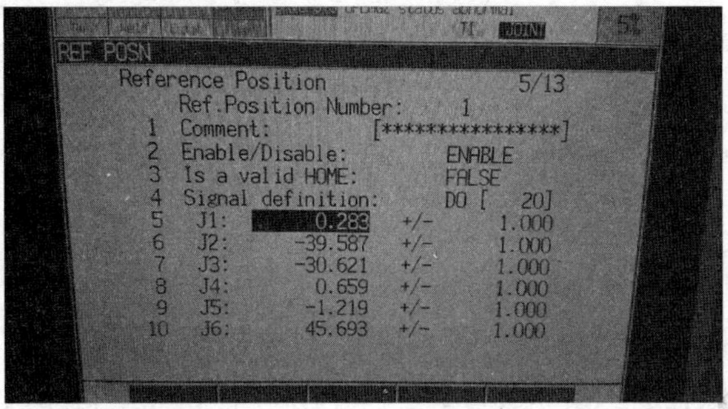

图　4-32

8）记录机器人工具坐标系（TCP）数据，如图 4-33 所示。

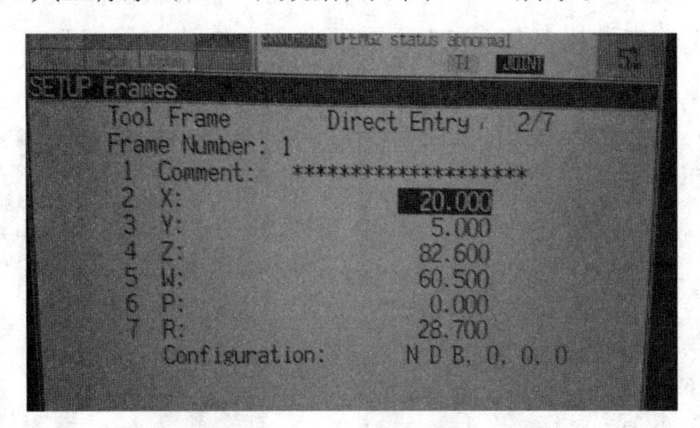

图　4-33

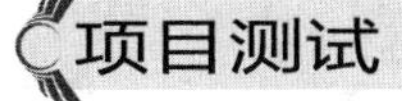

项目测试

机器人日常维护分哪几个阶段?

项目 5

更换机器人部件

项目描述

在本项目中，介绍了机械部分主要部件的更换步骤。更换机械部件时，应遵从相应的步骤。

项目过程

一旦更换了电动机、减速器和齿轮，就需要执行校对型号操作。运输和装配较重部件时，应格外小心。

重新使用 R-2000iA 的密封螺栓时，应严格遵守下述说明（如果可能，应使用新的密封螺栓）：

1）重新使用时，应施加 LOCTITE（乐泰）No.242。

2）注意下述三点说明。

① 除去密封螺栓上多余的密封剂。

② 密封部位的长度为 $2d$（d 为螺栓直径），从螺栓顶部计起，均匀涂敷。

③ 在整个螺纹区域施加乐泰 No.242，将螺栓擦干净，然后将其置于凹槽底部。

1. 更换 J1 轴电动机（M1）和减速器

（1）更换 J1 轴电动机（图 5-1） 首先将 J1 轴电动机从机器人本体上移除，然后装配上合适的电动机。J1 轴电动机共包含 14 个零部件，具体清单见表 5-1。O 形环如图 5-2 所示。表 5-1 中编号 1 ～ 13 位置如图 5-3 所示。

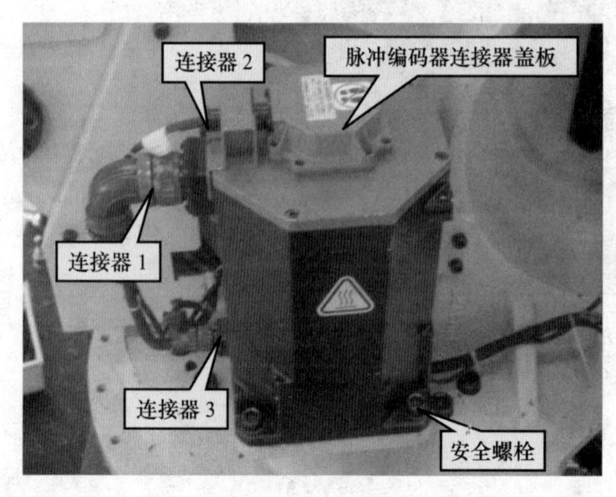

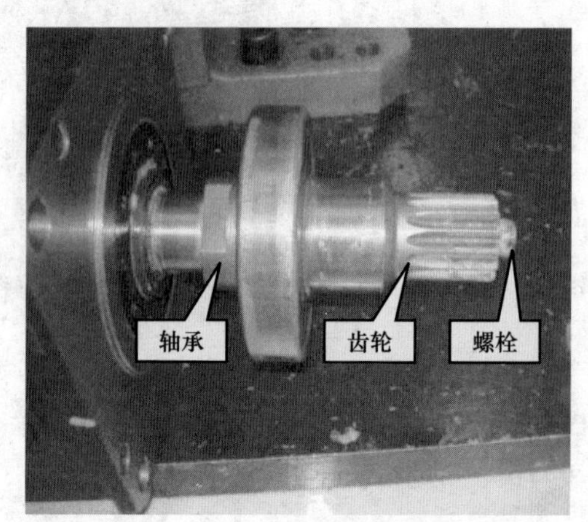

图 5-1

表　5-1

名　称	数　量	力矩 /N · m（kgf · m）
1：电动机	1	
2：盖板	1	
3：螺栓	1	
4：螺栓	3	
5：垫圈	3	
6：螺母	1	118（12）
7：输入齿轮	1	
8：C 形环	1	
9：轴承	1	
10：C 形环	1	
11：垫圈	1	
12：螺栓	1	27.5（2.8）
13：O 形环	1	
14：密封	1	

1）移除的具体操作步骤如下：

① 切断电源。

② 移去脉冲编码器连接器盖板（2）。与螺栓一起转动盖板可能会损坏连接器。应抓住盖板，防止其转动。

③ 移去电动机（1）的三个连接器。

④ 移去三个电动机安装螺栓（4），然后移去垫圈（5）。

⑤ 将电动机从底座垂直拉出，同时小心，不要刮伤输入齿轮（7）的表面。

⑥ 从电动机（1）的轴上移去螺栓（12）和垫圈（11）。

⑦ 从电动机（1）的轴上拉出输入齿轮（7）、轴承（9）和 C 形环（8、10）。

⑧ 从轴上移去螺母（6）。

图　5-2

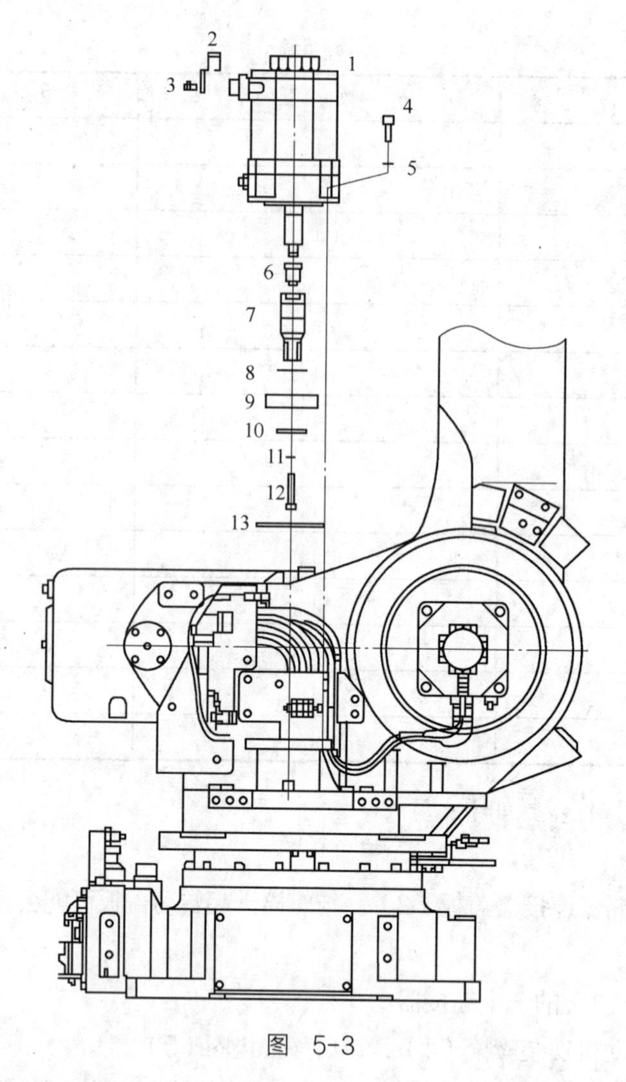

图 5-3

2）装配的具体操作步骤如下：

① 使用油石抛光电动机（1）的法兰面。

② 在电动机（1）的轴上安装螺母（6）。

③ 将输入齿轮（7）、轴承（9）和C形环（8、10）安装到电动机（1）的轴上。

注意：将输入齿轮（7）安装到电动机（1）之前，应使用夹具，如图5-3所示，将轴承（9）和C形环（8、10）安装到输入齿轮（7）上。

④ 将螺栓（12）和垫圈（11）安装到电动机（1）上。

⑤ 将电动机（1）垂直安装到底座上，同时小心，不要刮伤输入齿轮（7）的表面。安装时，确保O形环（13）位于指定的位置。

⑥ 安装三个电动机的螺栓（4）和垫圈（5）。

⑦ 将三个连接器安装到电动机上（1）。

⑧ 安装脉冲编码器连接器盖板（2）。

⑨ 执行校对操作。

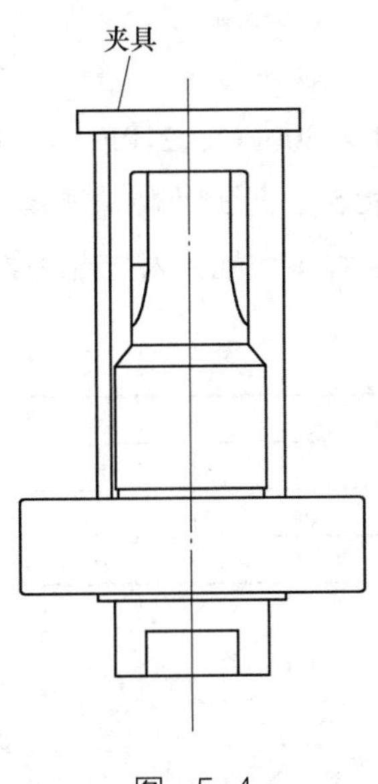

图　5-4

（2）更换 J1 轴减速器　首先将 J1 轴减速器从机器人本体上移除，然后装配上合适的减速器。J1 轴减速器共包含 20 个零部件，具体清单见表 5-2。表 5-2 中相关编号位置如图 5-5 所示。

表　5-2

名　称	数　量	力矩 /N·m（kgf·m）
1：螺栓	11	318（32.5）
2：垫圈	11	
3：弹簧销	1	
4：板	1	
5：螺栓	2	
6：衬片	1	
7：板	1	
8：制动块	1	
9：垫圈	4	
10：螺栓	4	
11：油封	1	
12：螺栓	16	128（17.1）
13：垫圈	16	
14：弹簧销	1	
15：减速器	1	
16：O 形环	1	
17：管线	1	
18：螺栓	4	
19：垫圈	4	
20：O 形环	1	

警告

对于 R–2000iA/165F、200F、200FO、210F、165R、200R、125L、130U 来说，更换 J1 轴减速器时，需要用到表 5-3 列出的特殊工具。工作时务必准备好这些工具。如果在悬挂机器人时未使用这些工具，机器人可能会跌落。

表 5-3

名　称	数　量
定位销	2
冲孔	1
定位销	2

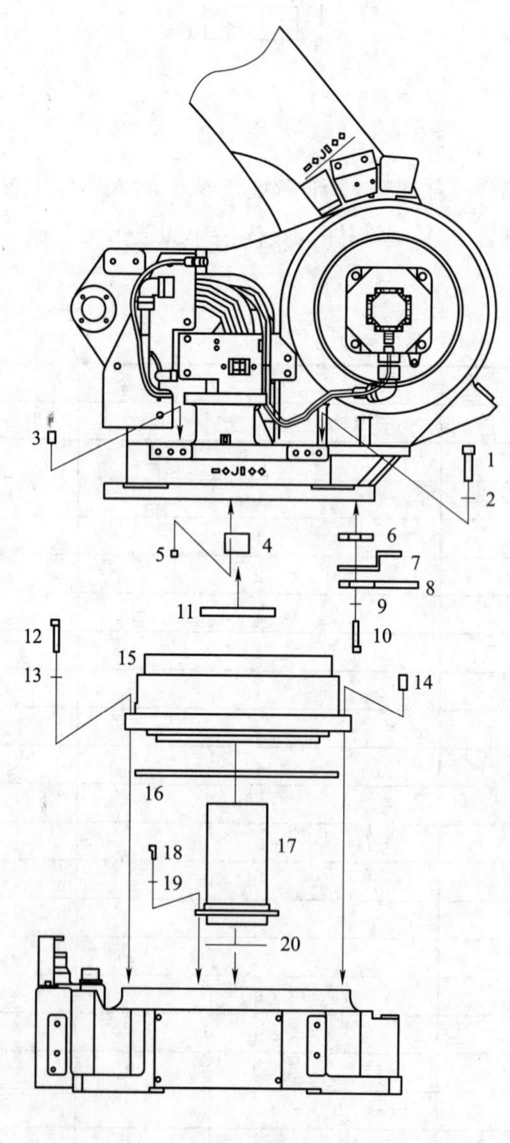

图 5-5

1）移除的具体操作步骤如下：

① 从机械腕上移去负载，如工件等。

② 移去平衡块。

注释

对于 R-2000iA/130U 来说，未提供平衡块。

③ 对于 R-2000iA/165F、200F、200FO、210F、125L 和 130U，更换平衡块时，在保持角度（J2=0）的同时，移去用于安装 J2 底座的两个螺栓（位于 J2 臂下方），如图 5-6 所示。

④ 对于 R-2000iA/165F、200F、200FO、210F、125L 和 130U，确保机器人的角度（J2=-40°，J3=-30°）如图 5-7 所示。

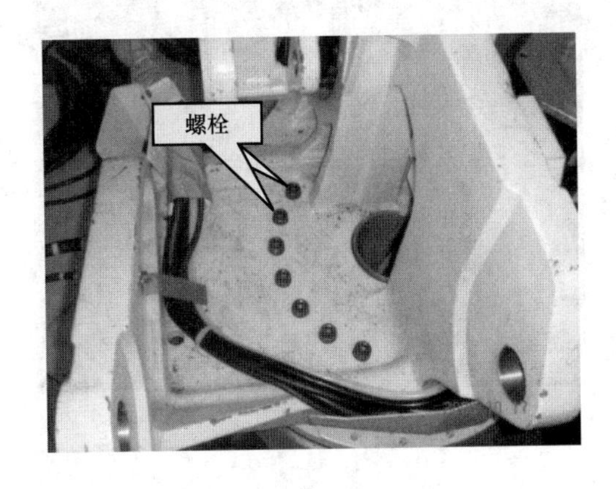

图　5-6

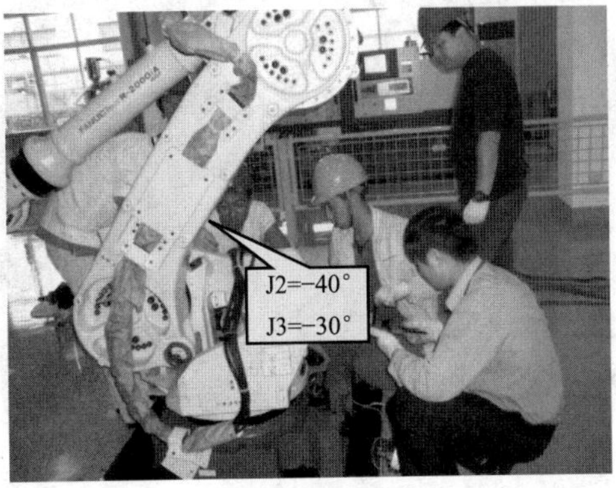

图　5-7

⑤ 切断电源。

⑥ 按照前面介绍的方法，移去 J1 轴电动机。

⑦ 拆卸控制单元和机器人之间的连接电缆，将连接器面板从 J1 底座背面移走，然后拆卸连接器，如图 5-8 所示。

⑧ 移去 J1 底座电缆夹具和 J2 底座电缆夹具，然后将电缆从中心管道向着 J2 底座方向拉出，如图 5-9 所示。

⑨ 移去螺栓（5），然后移去板（4）。移去螺栓（10）和垫圈（9），然后移去衬片（6）、板（7）和制动块（8）。

⑩ 对于 R-2000iA/165F、200F、200FO、210F、125L 和 130U，按照图 5-10 所示，将悬挂夹具安装到机器人上，以便能够悬挂机器人。安装板（X928）时，移去夹具板（X326）。

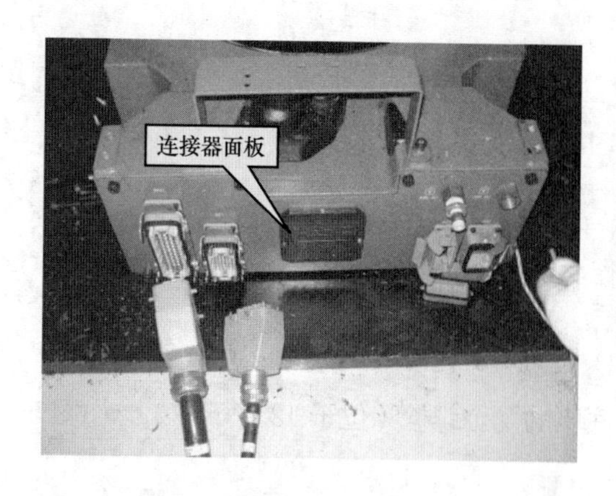

图 5-8

图 5-9

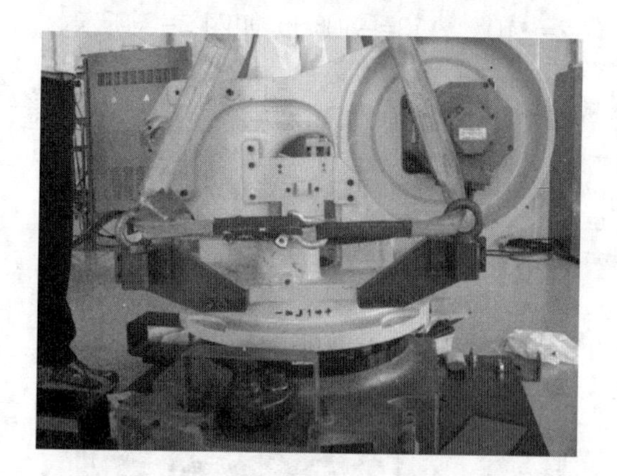

图 5-10

⑪移去 J2 底座安装螺栓（1）和垫圈（2），悬挂主要的机器人单元，将其与 J1 单元分开。此时应小心谨慎，不要损坏油封（11）。J2 底座和 J1 轴减速器由弹簧销（3）定位，如图 5-11 所示。操作机器人时应小心。

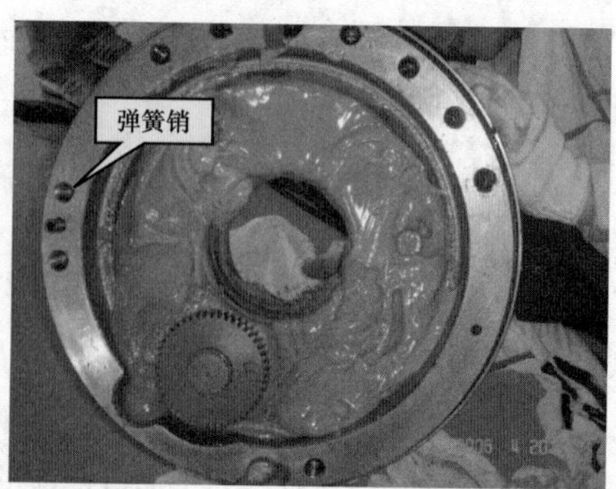

图 5-11

⑫ 移去减速器安装螺栓（12）和垫圈（13），然后将减速器（15）从 J1 底座移走。

注：J1 底座和 J1 轴减速器由弹簧销（14）定位。因此，应使用 J1 轴减速器移动旋阀，然后移去 J1 轴减速器。

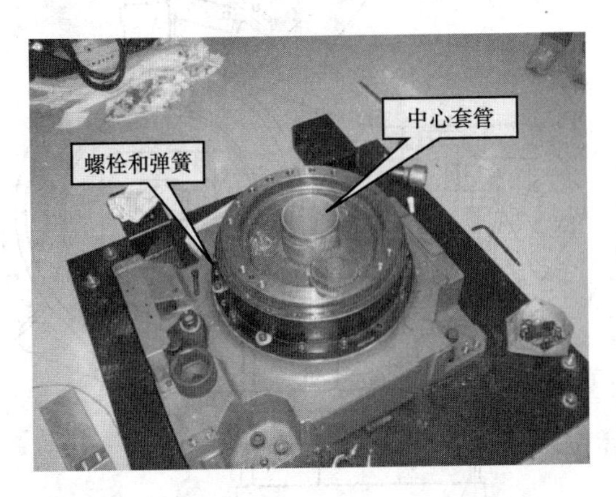

图 5-12

2）装配的具体操作步骤如下：

① 使用油石抛光 J1 底座减速器（15）的安装面。

② 将 O 形环（16）按转到减速器（15）后，使用定位销将减速器安装到 J1 底座上，用冲压机压弹簧销（14），定位减速器。然后用减速器安装螺栓（12）和垫圈（13），上紧减速器。此时，确保减速器的齿轮未因中心套管而损坏，如图 5-12 所示。

③ 将密封剂施加到减速器轴表面，如图 5-13 所示。

④ 将主要的机器人单元用定位销安放在 J1 单元上，如图 5-14 所示。然后用冲压机压弹簧销（3），执行定位操作。接下来用 J2 底座安装螺栓（1）和垫圈（2），执行固定操作。此时，检查油封（11）是否安装到位，确保在安装机器人时，凸缘未朝上。

⑤ 安装板（4）、衬片（6）、板（7）和制动块（8）。

⑥ 整齐地布置电缆，上紧 J1 底座夹具和 J2 底座夹具。

⑦ 按照上面介绍的步骤，上紧 J1 轴电动机。

⑧ 将连接器安装到 J1 底座背面的连接器面板上，然后安装控制单元和机器人之间的连接电缆。

⑨ 将平衡块安装到机器人上。

⑩ 施加润滑脂。

⑪ 执行校对操作。

⑫ 在减速器侧面加乐泰 518，宽度 10mm。如图 5-15 所示。

图 5-13

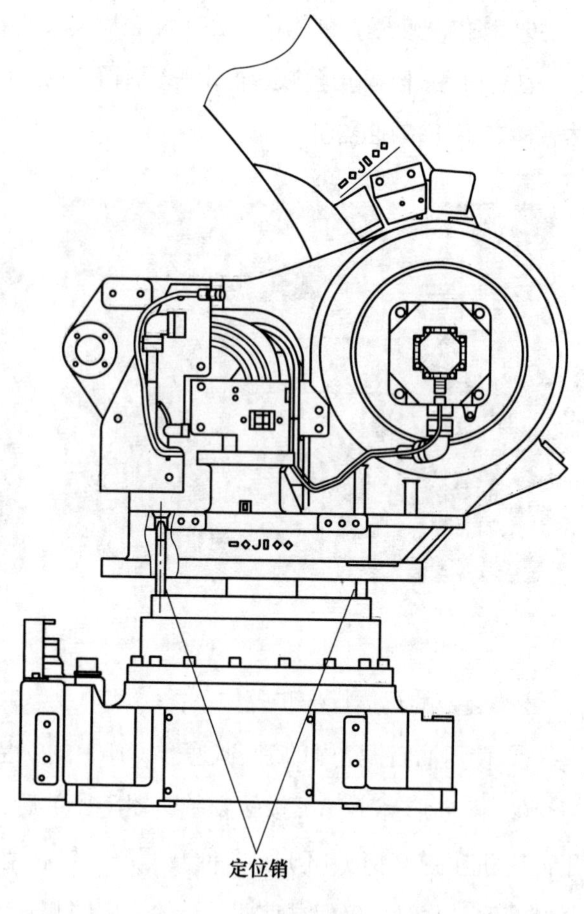

图 5-14

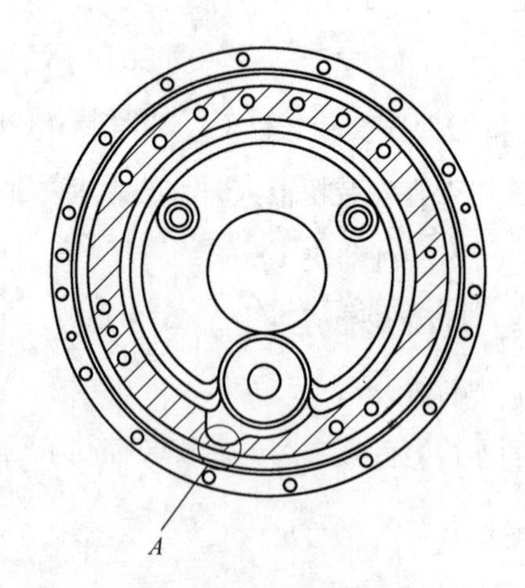

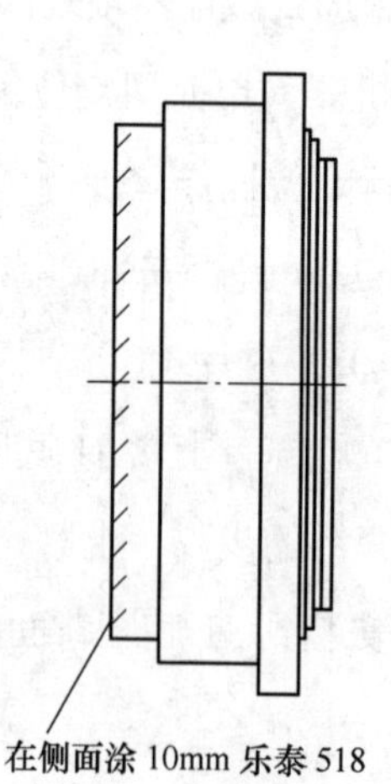

图 5-15

2. 更换 J2 轴电动机（M2）和减速器

（1）更换 J2 轴电动机　首先将 J2 轴电动机从机器人本体上移除，然后装配上合适的电动机。对于 R-2000iA/165F、200F、125L、165R、200R 来说，J2 轴电动机共包含 11 个零部件，具体清单见表 5-4。表 5-4 中相关编号位置如图 5-16 所示。

表　5-4

名　称	数　量	力矩 /N·m（kgf·m）
1：电动机	1	
2：盖板	1	
3：螺栓	1	
4：密封螺栓	4	
5：垫圈	4	
6：螺母	1	118（12）
7：输入齿轮	1	
8：螺栓	1	27.5（2.8）
9：密封垫圈	1	
10：O 形环	1	
11：密封	1	

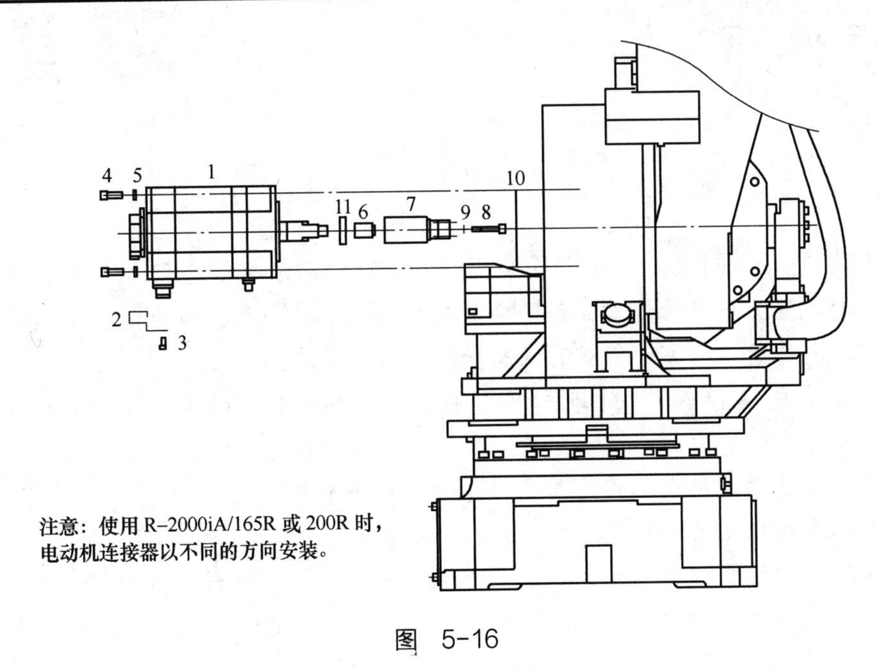

图　5-16

1）移除的具体操作步骤如下：

① 将电动机置于图 5-17 所示的位置，使用吊索悬起机器人。

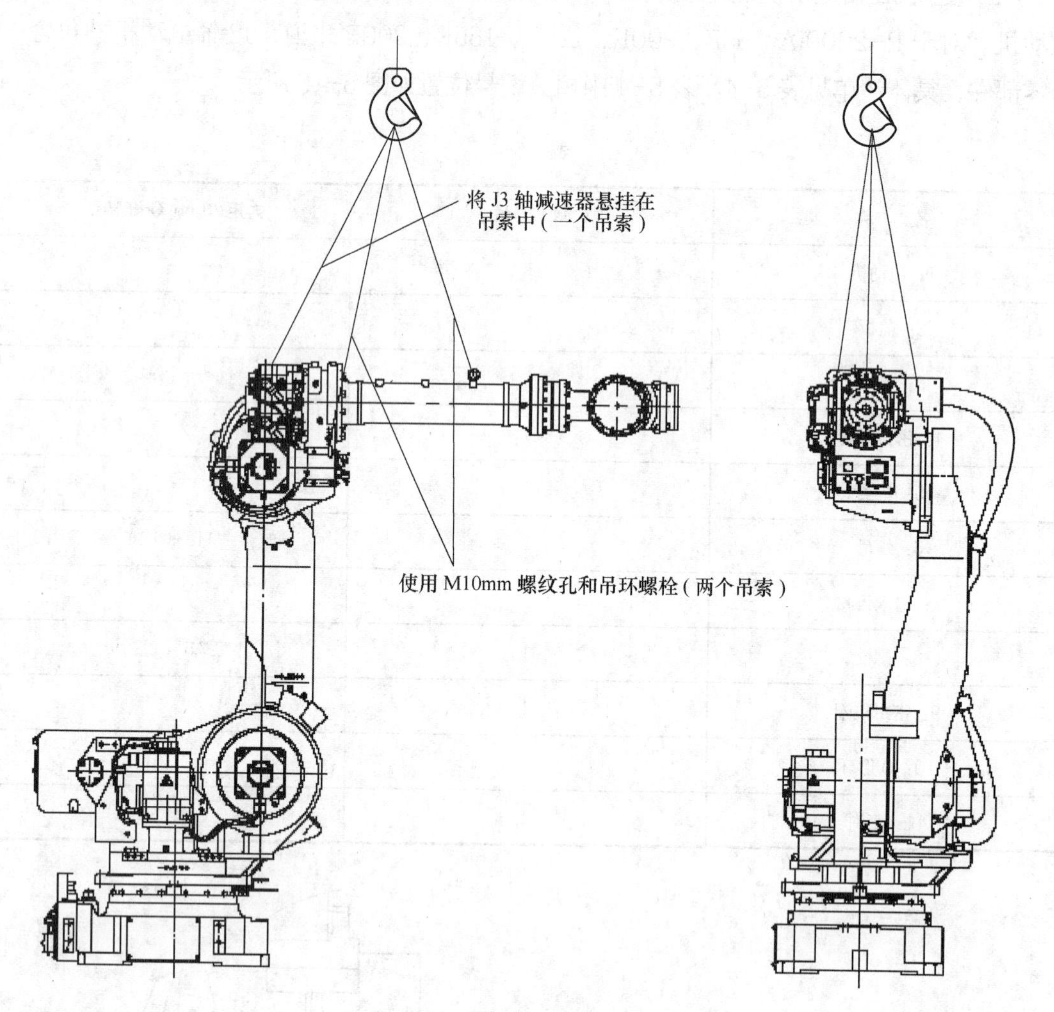

图 5-17

警告

① 移去 J2 轴电动机时，其重量以及平衡块的扶正力矩会使 J2 轴臂大范围移动，除非将机器人置于指定的位置，否则会导致危险。具体地讲，臂可能会沿重力方向落下或升起，具体情况取决于负载的状态和机器人的角度。

② 如果在更换 J2 轴电动机时，无法将机器人置于指定的角度，应上紧臂，确保臂不会移动。

③使用可选的“用于工作范围更改”的制动块来固定 J2 轴臂。

④ 更换电动机之前，应安装制动块，手动操作机器人臂，直至其足够靠近制动块。但是，该选项的最低约束角是 15°，因此无法同时防止臂的落下和升起。

⑤ 如果在移去 J2 轴电动机时不清楚臂的行为，应使用起重机和制动块来防止机器人臂落下或升起。

②切断电源。

③拆卸 J2 轴电动机（1）的三个连接器，如图 5-18 所示。

④移去脉冲编码器连接器盖板（2）。与螺栓一起转动盖板可能会损坏连接器，应抓住盖板，防止其转动。

⑤移去四个电动机安装密封螺栓（4）和垫圈（5），如图 5-19 所示。

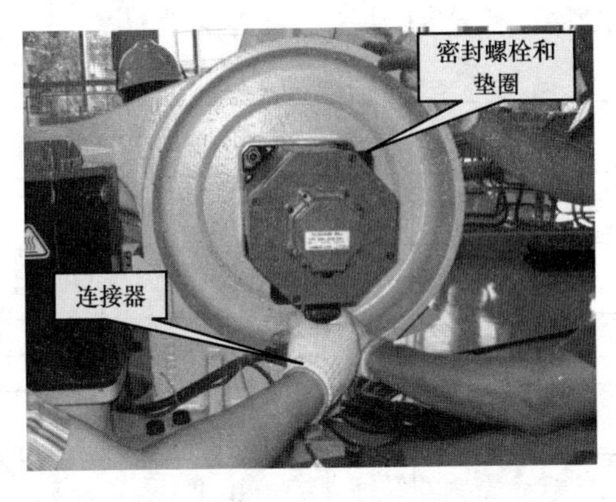

图　5-18

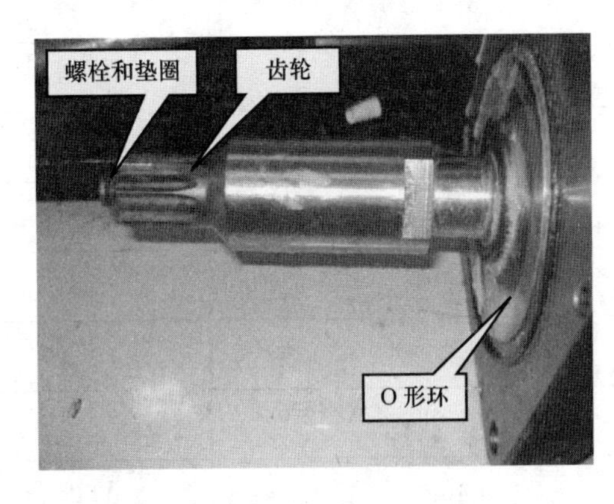

图　5-19

⑥水平拉出 J2 轴电动机（1）。同时注意，不要损坏齿轮的表面。

⑦移去螺栓（8）和密封垫圈（9），然后拆卸输入齿轮（7）和螺母（6）。

2）装配的具体操作步骤如下：

①使用油石抛光 J2 轴电动机（1）的法兰表面。安装新的密封（11）。

②安装螺母（6）。

③用螺栓（8）和密封垫圈（9）安装输入齿轮（7）并上紧。

④水平安装 J2 轴电动机（1），同时应小心，不要损坏齿轮表面。安装时，确保 O 形环（10）位于规定的位置。

⑤安装四个电动机的密封螺栓（4）和垫圈（5）。

⑥将三个连接器安装到 J2 轴电动机（1）。

⑦安装脉冲编码器连接器盖板（2）。

⑧施加润滑脂。

⑨执行校对操作。

注意

使用 R-2000iA/165R 或 200R 时，应将电动机连接器从不同的方向拉出。

（2）更换 J2 轴减速器　首先将 J2 轴减速器从机器人本体上移除，然后装配上合适的减速器。对于 R-2000iA/165F、200F、125L、165R、200R，J2 轴减速器共包含 13 个零部件，具体清单见表 5-5。

表 5-5

名　称	数　量	力矩 /N·m（kgf·m）
1：平衡块装配	1	
2：电动机	1	
3：O 形环	1	
4：J2 臂	1	
5：螺栓	6	319（32.5）
6：垫圈	6	
7：螺栓	21	128（17.1）
8：垫圈	21	
9：O 形环	1	
10：环	1	
11：螺栓	24	128（17.1）
12：垫圈	24	
13：O 形环	1	

1）移除的具体操作步骤如下：

① 将臂置于图 5-20 所示的位置，用吊索悬起它。

图　5-20

② 切断电源。

③ 拆卸通过 J6 轴电动机连接到 J3 的所有电缆，然后拆卸可选电缆，将电缆拉出到 J2 底座外侧。

④ 移去平衡块。

注释

对于 R-2000iA/130U，未提供平衡块。

⑤ 按前面介绍的步骤移去 J2 轴电动机。

警告

如果在移去 J2 轴电动机时，平衡块仍安装在机器人上，机器人的重量以及平衡块的扶正力矩会使 J2 轴臂大范围移动，除非将机器人置于指定的位置，否则会导致危险。移去 J2 轴电动机之前，应移去平衡块，并使用起重机吊起臂。

⑥ 移去 J2 臂的螺栓（5）和（7）以及垫圈（6）和（8），如图 5-21 所示。然后使用双头螺栓移去 J2 臂（4）。此时，在弹簧上施加足够的张力。

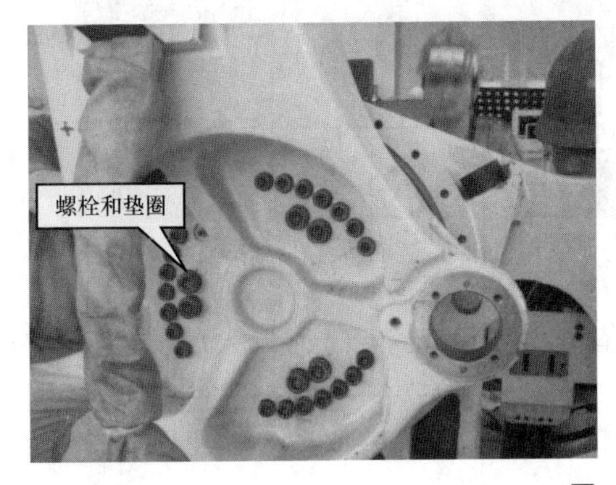

图 5-21

⑦ 移去减速器的螺栓（11）和垫圈（12），使用双头螺栓拆卸减速器，如图 5-22 所示。

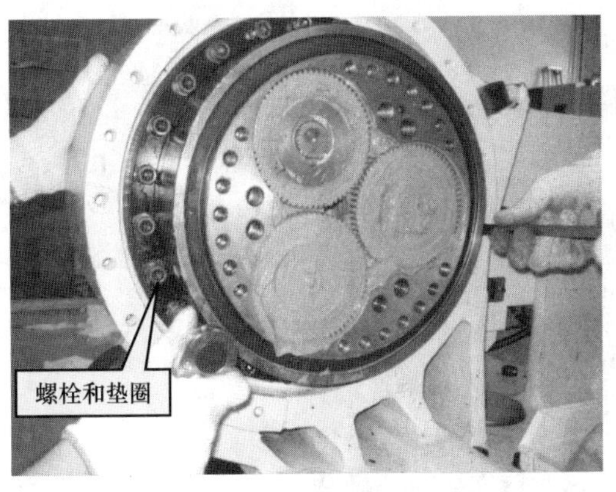

图 5-22

2）装配的具体操作步骤如下：

① 使用双头螺栓、螺栓（11）和垫圈（12）安装新的减速器。此时，检查 O 形环（13）是否安装到位。

② 在减速器上施加密封剂。

③ 将O形环（13）和环（10）安装到J2臂。如图5-23、图5-24所示。

注意

不要为O形环(9)施加润滑脂。润滑脂会阻止密封剂固化，从而导致润滑脂泄漏。如果很难固定O形环，只能在O形环上使用少量的密封剂，并将O形环安装到J2臂的O形环凹槽中。

图 5-23

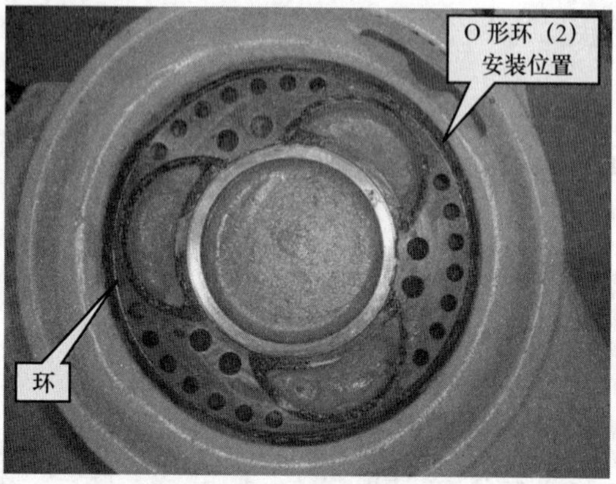

图 5-24

④ 使用双头螺栓、螺栓（5）和（7）以及垫圈（6）和（8）将J2臂（4）安装到减速器（11）上。此时，检查O形环（9）和环（10）是否安装到位。

注意

安装J2臂时，使臂紧密接触匹配部件，以免密封剂被擦掉。应检查O形环是否安装在正确的位置，是否未擦除密封剂。

⑤ 按照前面介绍的步骤，安装J2轴电动机。

⑥ 按照“更换平衡块”中介绍的方法，安装平衡块，如图5-25所示。

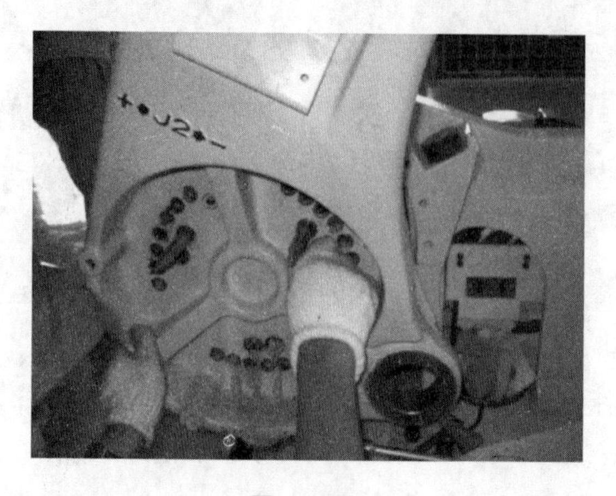

图 5-25

⑦ 安装电缆，通过 J6 轴电动机和可选电缆连接 J3。

⑧ 施加润滑脂。

⑨ 执行校对操作。

3. 更换 J3 轴电动机（M3）和减速器

（1）更换 J3 轴电动机　首先将 J3 轴电动机从机器人本体上移除，然后装配上合适的电动机。对于 R-2000iA/165F、200F、125L、165R、200R，J3 轴电动机共包含 9 个零部件，具体清单见表 5-6。表 5-6 中相关编号位置如图 5-26 所示。

表　5-6

名　称	数　量	力矩 /N·m（kgf·m）
1：电动机	1	
2：密封螺栓	4	
3：垫圈	4	
4：螺母	1	118（12）
5：输入齿轮	1	
6：螺栓	1	27.5（2.8）
7：垫圈	1	
8：O 形环	1	
9：密封	1	

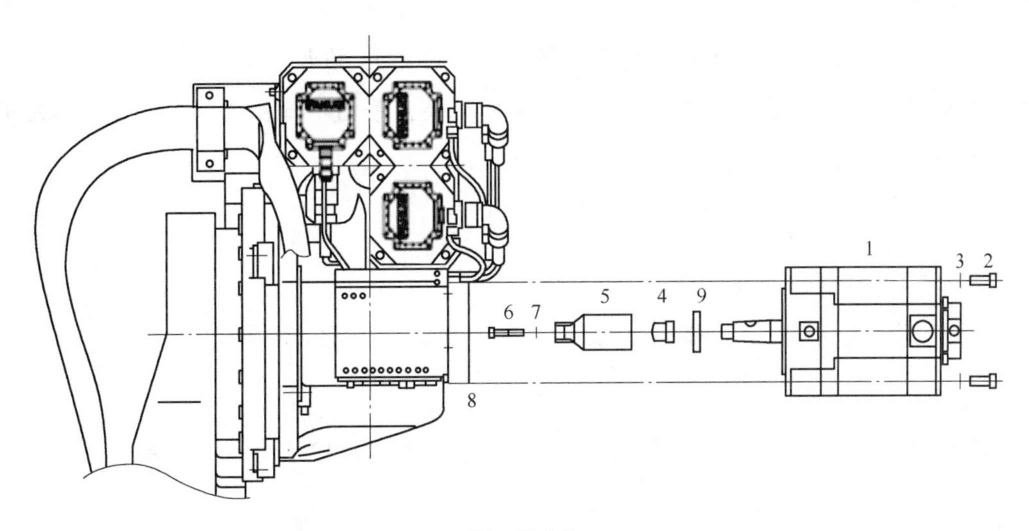

图　5-26

1）移除的具体操作步骤如下：

① 将机器人置于图 5-27 所示的位置，使用吊索悬起机器人。

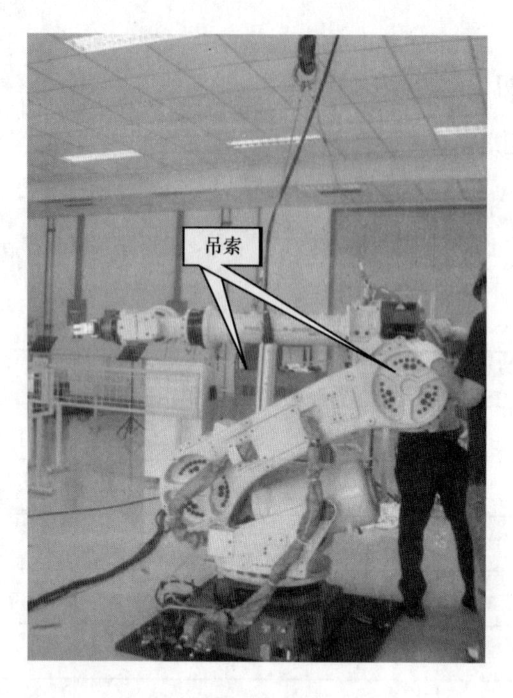

图 5-27

警告

① 移去 J3 轴电动机时，如果未按照指定的方式吊起 J3 轴臂，臂可能会沿重力方向落下，从而导致危险。如果无法按照指定的方式吊起 J3 轴臂，应上紧臂，确保臂不会移动。

② 使用可选的用于工作范围更改的制动块来固定 J3 轴臂。

③ 更换电动机之前，应在跌落方向安装制动块，手动操作机器人臂，直至其足够靠近制动块。

② 断开电源。

③ 拆卸 J3 轴电动机（1）的三个连接器。

④ 移去四个电动机的密封螺栓（2）和垫圈（3），如图 5-28 所示。

注释

要想安装 J3 轴电动机，需要用到不短于 320mm 的 M12 T 型六角扳手。

⑤ 水平拉出 J3 轴电动机（1），同时注意，不要损坏齿轮的表面。

⑥ 移去螺栓（6）和垫圈（7），然后拆卸输入齿轮（5）、螺母（4）和密封（9）。

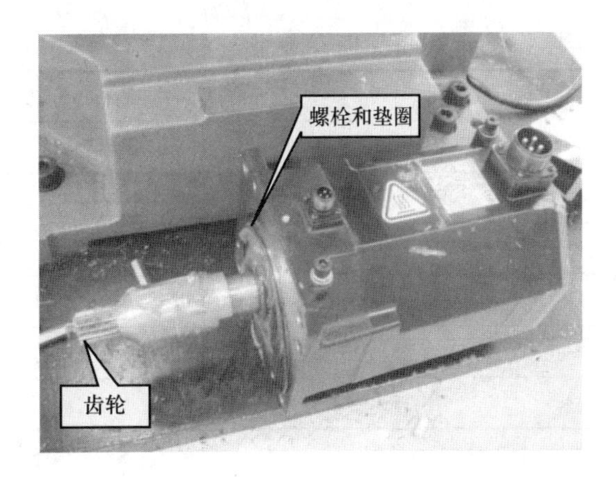

图　5-28

2）装配的具体操作步骤如下：

①使用油石抛光 J3 轴电动机（1）的法兰表面。

②安装新的密封（9）。

③安装螺母（4）。

④用螺栓（6）和垫圈（7）安装输入齿轮（5）并上紧。

⑤水平安装 J3 轴电动机（1），同时应注意，不要损坏齿轮表面。安装时，确保 O 形环（8）位于规定的位置。

⑥安装四个电动机的密封螺栓（2）和垫圈（3）。

⑦将三个连接器安装到 J3 轴电动机（1）。

⑧施加润滑脂。

⑨执行校对操作。

（2）更换 J3 轴减速器　首先将 J3 轴减速器从机器人本体上移除，然后装配上合适的减速器。对于 R-2000iA/165F、200F、125L、165R、200R，J3 轴减速器共包含 13 个零部件，具体清单见表 5-7。表 5-7 中相关编号位置如图 5-29 所示。

表　5-7

名　称	数　量	力矩 /N·m（kgf·m）
1：电动机	1	
2：O 形环	1	
3：螺栓	18	77.5（7.5）
4：垫圈	18	
5：螺栓	6	318（32.5）
6：垫圈	6	
7：O 形环	1	

（续）

名　　称	数　　量	力矩 /N·m（kgf·m）
8：环	1	
9：减速器	1	
10：螺栓	16	128（17.1）
11：垫圈	16	
12：O 形环	1	
13：J2 臂	1	

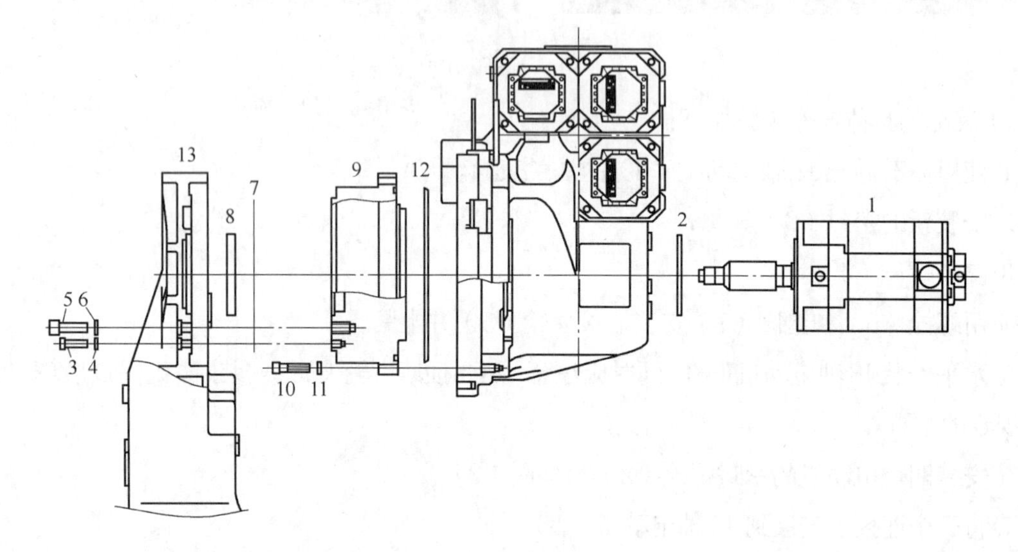

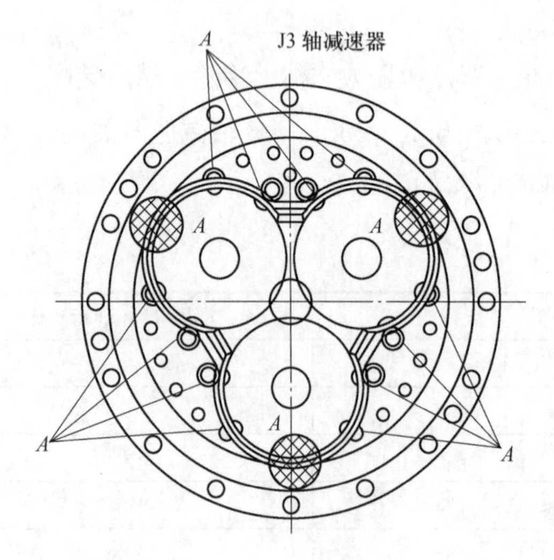

注意：为了进行密封的表面脱脂处理，并将密封剂 LOCTITE518 施加到指定区域，尤其是区域 *A*，施加密封剂时不得留有间隙。

图　5-29

1）移除的具体操作步骤如下：

①将减速器置于图 5-27 所示的位置，用吊索悬起它。

警告

①移去 J3 轴电动机时，如果未按照指定的方式吊起 J3 轴臂，臂可能会沿重力方向落下，从而导致危险。如果无法按照指定的方式吊起 J3 轴臂，应上紧臂，确保臂不会移动。

②使用可选的用于工作范围更改的制动块来固定 J3 轴臂。

③更换电动机之前，应在跌落方向安装制动块，手动操作机器人臂，直至其足够靠近制动块。

②切断电源。

③拆卸 J3 ~ J6 轴电动机的电缆，以及所有可选电缆，然后将它们从 J2 臂拉出。

④按照前面介绍的步骤，拆卸 J3 轴电动机（1）。

⑤移去 J2 臂的螺栓（3）和（5），以及垫圈（4）和（6），如图 5-30 所示。然后移去 J3 轴单元和双头螺栓。此时，在吊索上施加足够的张力。

⑥移去减速器的螺栓（10）和垫圈（11），然后使用双头螺栓拆卸减速器（9），如图 5-31 所示。

注释

安装 J3 轴减速器时，将 M12 六角凹头（头端不少于 70mm）放到转矩扳手上上紧。

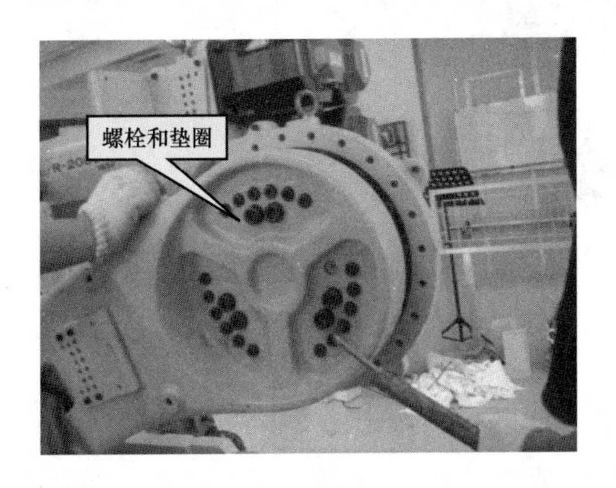

图　5-30

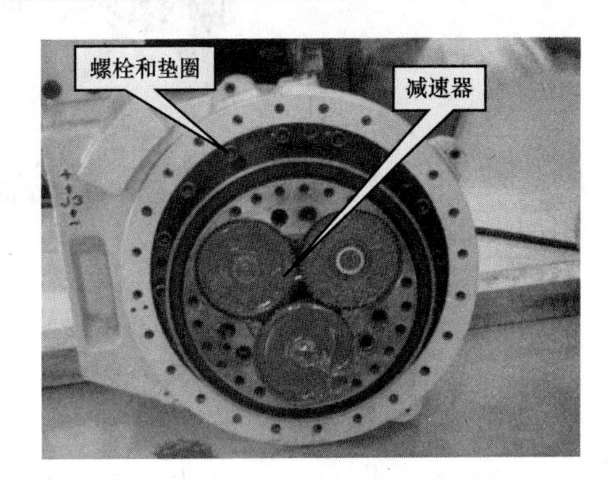

图　5-31

2）装配的具体操作步骤如下：

①使用双头螺栓（图 5-32），安装新的减速器（9）、螺栓（10）和垫圈（11），如图 5-33 所示。此时，检查 O 形环（12）是否安装到位。

②在减速器上施加密封剂。

图 5-32

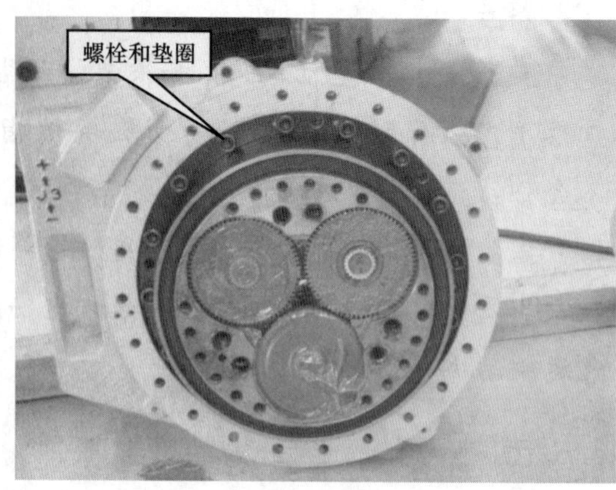

图 5-33

③将O形环（7）和环（8）安装到J2臂（13），如图5-34所示。

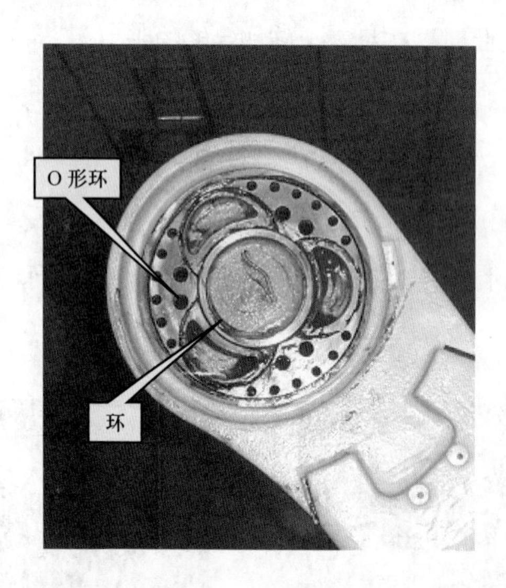

图 5-34

注意

不要为O形环（7）施加润滑脂。润滑脂会阻止密封剂固化，从而导致润滑脂泄漏。如果很难固定O形环，只能在O形环上使用少量的密封剂，如图5-34所示。并将O形环安装到J2臂的O形环凹槽中。

④使用双头螺栓（图5-35）将J3轴单元上紧到J2臂（13），然后使用螺栓（5）和垫圈（6）检查O形环（7）和环（8）是否安装到位。

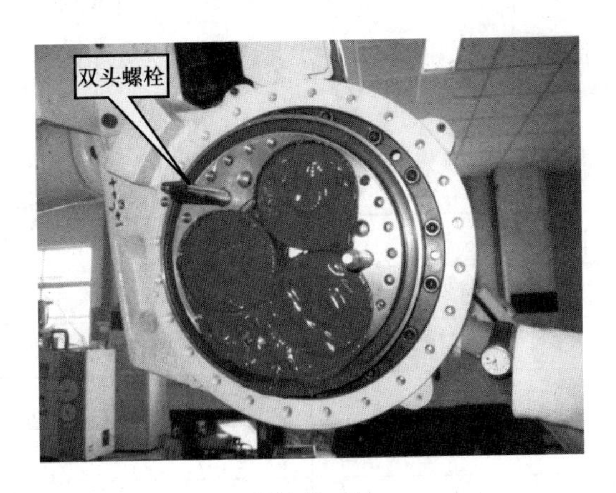

图　5-35

注意

安装 J3 单元时，使臂紧密接触匹配零部件，以免密封剂被擦掉。检查 O 形环是否安装在正确的位置，检查是否未擦除密封剂。

⑤采用前面介绍的步骤固定 J3 轴电动机（1），如图 5-36 所示。

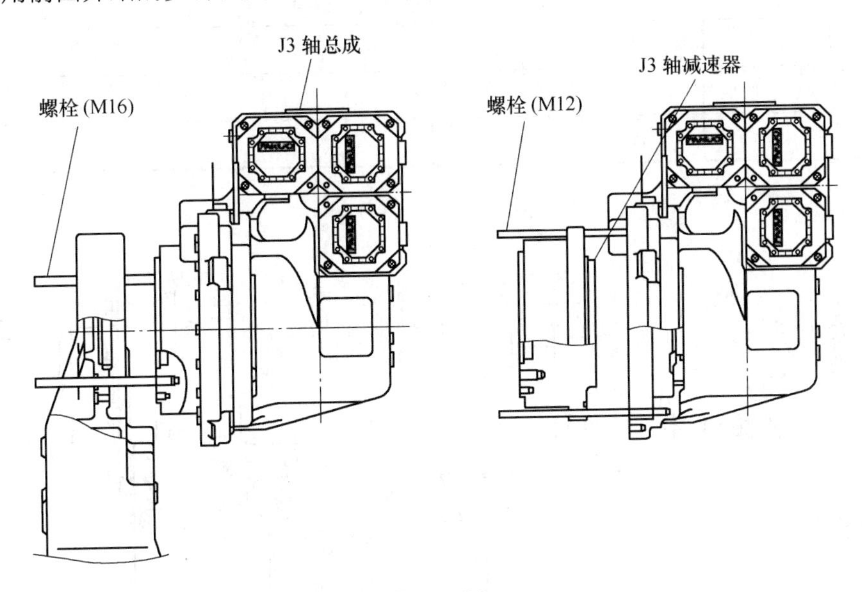

图　5-36

⑥安装 J3 ～ J6 轴电动机的电缆，以及可选电缆。

⑦施加润滑脂。

⑧执行校对操作。

4. 更换机械腕轴电动机（M4、M5 和 M6）、机械腕单元和 J4 轴减速器

（1）更换机械腕轴电动机（M4、M5 和 M6）　首先将机械腕轴从机器人本体上移除，然后装配上合适的机械腕轴。对于 R-2000iA/165F、200F、200FO、125L、165R、

200R、130U，机械腕轴共包含 12 个零部件，其清单见表 5-8。表 5-8 中相关编号位置如图 5-37 所示。

表 5-8

名称		数量	力矩 /N・m（kgf・m）
1	电动机	3	
2	螺栓	9	
3	垫圈	9	
4	O 形环	3	
5	密封	3	
6	齿轮 J51		
	齿轮 J61		
7	垫圈	3	
8	螺母	2	16.7（1.7）
9	O 形环	1	
10	轴承	1	
11	齿轮 J41		
12	螺母	1	16.7（1.7）

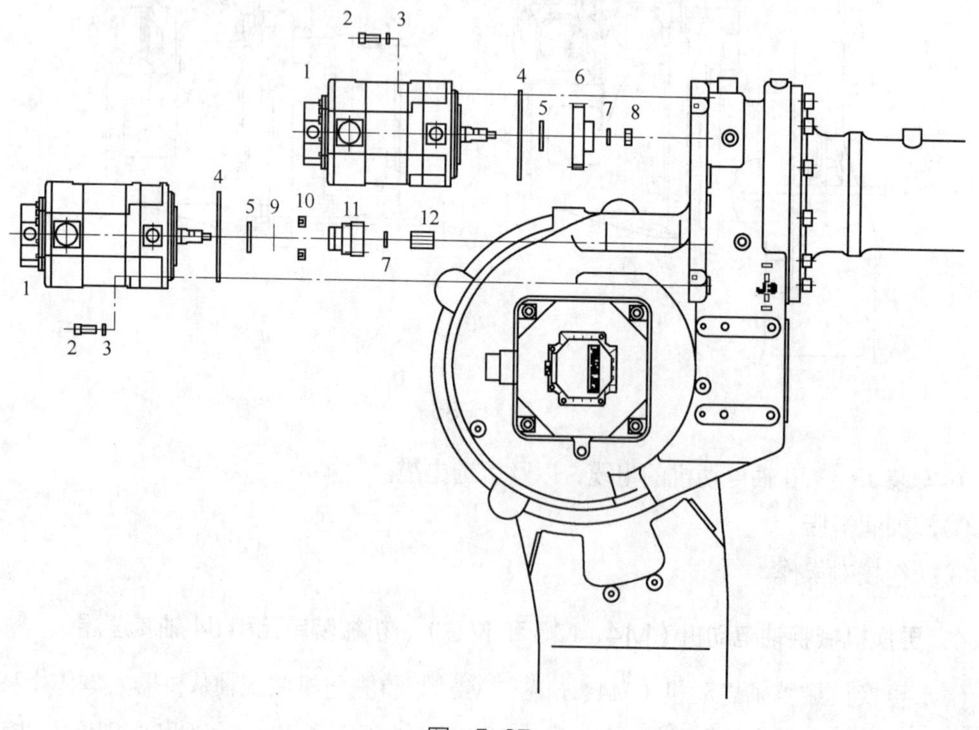

图 5-37

1）移除的具体操作步骤如下：

① 将机械腕置于特定的位置，如图 5-38 所示，使得在机械腕轴上没有施加的负载。

② 切断电源。

图　5-38

③ 拆卸电动机（1）的三个连接器。

④ 移去三个电动机的螺栓（2）和垫圈（3）。

⑤ 拉出电动机（1），同时小心不要损坏齿轮的表面。

⑥ 对于 J4 轴电动机，移去螺母（12）和垫圈（7），拆卸齿轮（11）、轴承（10）和 O 形环（9）。对于 J5 轴电动机或 J6 轴电动机，移去螺母（8）和垫圈（7），拆卸齿轮（6）。

2）装配的具体操作步骤如下：

① 使用油石抛光电动机（1）的法兰面。

② 对于 J4 轴电动机，安装密封（5）、齿轮（11）、轴承（10）和 O 形环（9），以及垫圈（7）和螺母（12）。

注释

将齿轮（11）安装到电动机（1）之前，使用夹具 A290-7321-X947 将轴承（10）和 O 形环（9）安装到齿轮（11）上。对于 J5 轴电动机或 J6 轴电动机，安装密封（5）并上紧齿轮（6）、垫圈（7）和螺母（8）。

③ 安装电动机（1），同时应小心，不要损坏齿轮表面。安装时，确保 O 形环（4）位于规定的位置。此外，应确保电动机（1）的方向正确。

④安装三个电动机的螺栓（2）和垫圈（3）。

⑤将三个连接器安装到电动机上（1）。

⑥施加润滑脂。

⑦执行校对操作。

注释

上紧螺母（12）时，用 30mm×32mm 或 32mm×36mm 的扳手抓住齿轮（11）。扳手的厚度为 14mm 或更少。要想安装电动机，需要用到不短于 300mm 的 M8 T 型六角扳手。

（2）更换机械腕单元以及 J4 轴减速器 （R-2000iA/165F、165R 和 125L）

1）移除的具体操作步骤如下：

①移去手柄和工件，除去机械腕的负载，相关部件位置及编号见图 5-39。

②移去机械腕单元安装的螺栓（1）和垫圈（2），然后拆卸机械腕单元。

③移去减速器安装的螺栓（4）和垫圈（5），然后将减速器（6）从 J4 臂上拆卸下来。

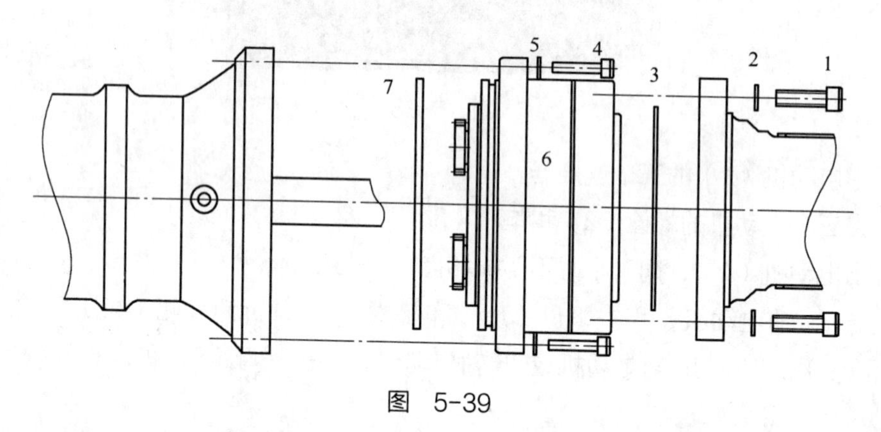

图 5-39

2）装配的具体操作步骤如下：

①将 O 形环（7）安装到减速器（6）。

②使用双头螺栓安装螺栓（4）和垫圈（5），将减速器（6）安装并上紧到 J4 臂，如图 5-39 所示。

③将 O 形环（3）安装到减速器端面的凹槽中。用机械腕单元安装螺栓（1）和垫圈（2），并上紧机械腕单元。

④施加润滑脂。

⑤执行校对操作。

5. 更换平衡块

先将平衡块拆下，然后安装合适的平衡块。平衡块一共包含 12 个零部件，具体清单见

表 5-9 所示。表 5-9 中相关编号位置如图 5-40 所示。

1）移除的具体操作步骤如下：

表　5-9

名　　称	数　　量	力矩 /N·m（kgf·m）
1：圆头螺栓	1	
2：螺栓	2	
3：盖板	1	
4：U 形螺母	1	319（32.5）
5：螺栓	4	
6：垫圈	4	
7：轴部件	1	
8：螺栓	8	
9：垫圈	8	
10：轴	2	
11：润滑脂注嘴	2	
12：平衡块部件	1	

①确定机器人的方位，以便更换 J2 轴电动机（M2）和减速器。

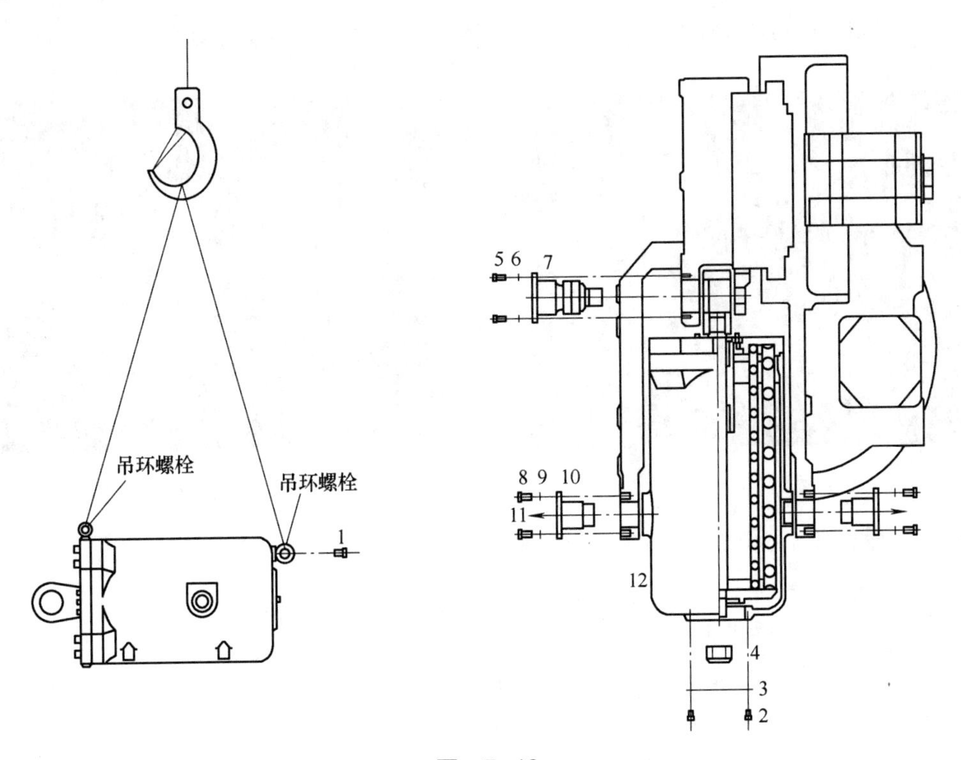

图　5-40

②切断电源。

③对于 R-2000iA/165F，200F，200FO，210F 和 125L，移去圆头螺栓（1），将

M8 和 M12 有眼螺栓安装到平衡块上，然后用起重机升起平衡块。对于 R-2000iA/165R 和 200R，将有眼螺栓（M12）安装到平衡块上，然后用起重机在四个点处升起平衡块。如图 5-41 所示。

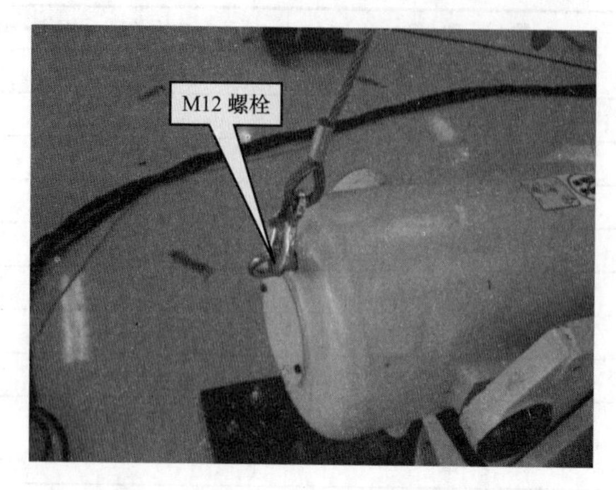

图 5-41

④移去螺栓（2）和盖板（3），松开 U 形螺母（4），消除平衡块上的张力，如图 5-42 所示。

⑤移去螺栓（5）和垫圈（6），然后拉出轴部件（7），如图 5-43 所示。

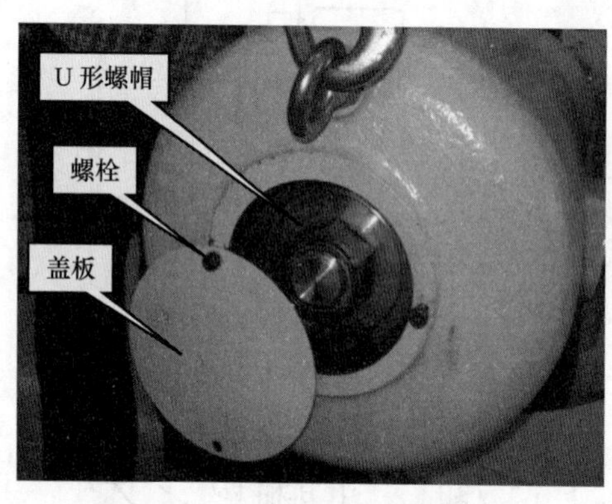

图 5-42

图 5-43

⑥移去螺栓（8）和垫圈（9），然后移去轴（10）。

⑦升起平衡块部件（12）。

2）装配的具体操作步骤如下：

①插入轴（10），水平放置分接头，然后安装螺栓（8）和垫圈（9）。

②插入轴部件（7），然后安装螺栓（5）和垫圈（6）。

③用指定的力矩上紧 U 形螺母（4），然后用安装螺栓（2）上紧盖板（3）。

④ 对于 R-2000iA/165F，200F，200FO，210F 和 125L，移去有眼螺栓（M12、M8），然后安装圆头螺栓（1）。对于 R-2000iA/165R 和 200R，移去有眼螺栓（M12）。

注释

上紧 U 形螺母时，应使用适合于 M33 或 M42 螺母的力矩扳手，如图 5-44 所示。

宽度：M33，50mm；M42，65mm。

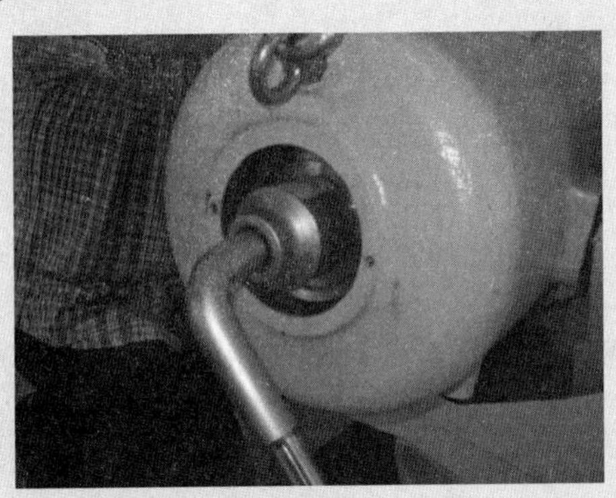

图　5-44

⑤为安装在轴上的润滑脂进油嘴施加润滑脂，如图 5-45 所示。

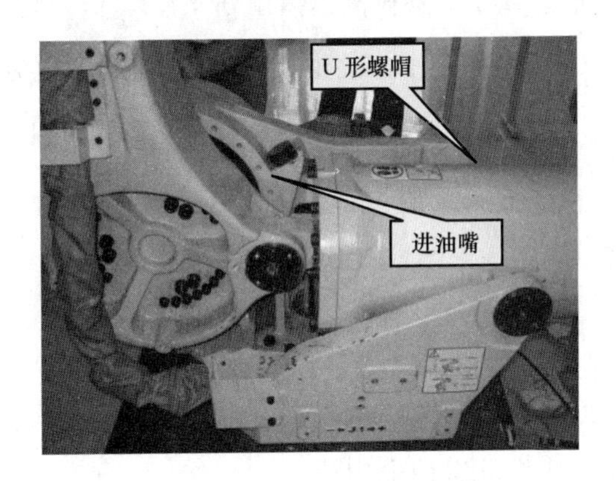

图　5-45

警告

永远不能拆卸平衡块。平衡块中含有大的压缩弹簧。如果在没有使用特殊夹具的情况下拆卸了平衡块，内部弹簧将伸展，从而使作业人员面临危险。更换平衡块时，应更换整个平衡块部件。

6. 施加密封剂

（1）对要密封的表面进行冲洗和脱脂

1）从臂上拆卸减速器后，应在拆卸了减速器的臂表面施加密封剂（Loctite Gasket Remover），等待密封剂（LOCTITE 518）软化约 10min，然后用抹刀除去软化的密封剂。

2）用气体吹要密封的表面，除去灰尘。

3）用蘸有酒精的布轻擦减速器表面和臂表面，为要密封的减速器表面和臂表面脱脂。

4）用油石抛光要密封的臂表面，然后再次用酒精脱脂。

注释

油可能会从减速器内部漏出。脱脂后，确保没有油漏出。

（2）施加密封剂

1）确保减速器和臂是干燥的（无残留的酒精）。如果仍有酒精，将其擦干。

2）在表面上施加密封剂（LOCTITE 518）。

注释

对于不同的轴，要施加密封剂的部分各不相同。关于相关轴的详细信息，请参阅减速器更换方面的介绍。

（3）装配

1）为了防止灰尘落在施加密封剂的部分，在施加密封剂后，应尽快安装减速器。注意，不要接触施加的密封剂。如果擦掉了密封剂，需重新上。

2）安装完减速器后，用螺栓和垫圈快速固定它，使匹配表面更靠近。

注释

施加密封剂之前，不要上润滑脂，这是因为，润滑脂可能会泄漏。润滑之前，应在安装减速器后等待至少1h。

7. 更换本体电缆

下面详细介绍R-2000i机器人更换本体电缆的操作，其他型号机器人更换的方法类似。该型号的本体电缆分为动力电缆和编码器电缆。

（1）使用工具清单　内六角扳手一套，斜口钳、十字螺钉旋具、一字螺钉旋具、鱼嘴钳、退针器、尼龙扎带若干。

（2）作业中安全用品　安全帽、安全挂锁、手套、安全鞋。

（3）拆卸步骤

1）将机器人置于所有轴角度为0的位置（特殊情况也可以置于其他姿态），做好存储卡备份和镜像备份，然后断开控制柜的电源，如图5-46所示。

2）从机器人底座的配线板拆除控制柜侧的电缆，如图5-47所示。

3）将配线板拆出，如图5-48所示。

4）将本体电缆与外罩分离，如图5-49所示。

5）将电池盒接线端子拆除，如图5-50所示。

6）将J1底座的内部接地端子拆除，如图5-51所示。

图　5-46

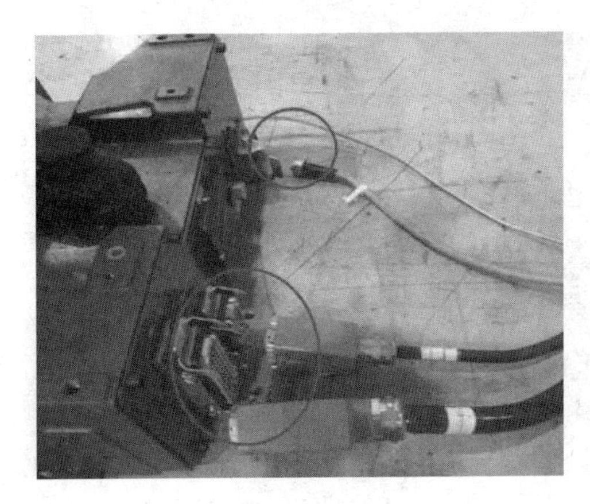

图　5-47

图　5-48

图　5-49

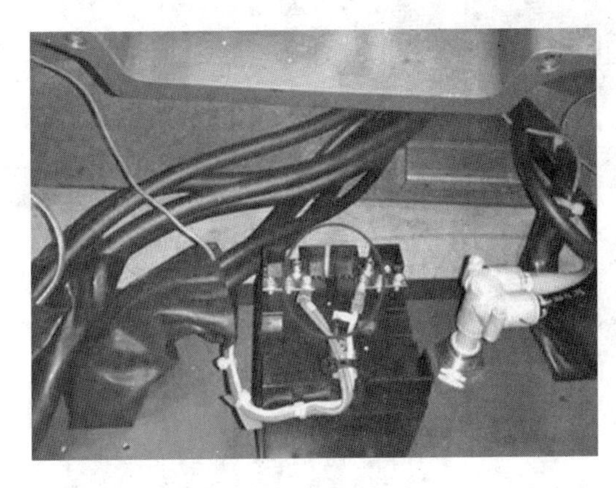

图　5-50

图　5-51

7）将本体电缆插头完全分离，如图 5-52 所示。

8）拆除 J1、J2 轴编码器插头盖板，然后拆除各轴编码器插头，如图 5-53 所示。注意拔除编码器插头会导致零位，除更换电动机、编码器、减速机、电缆以外，请勿拆除编码器插头。

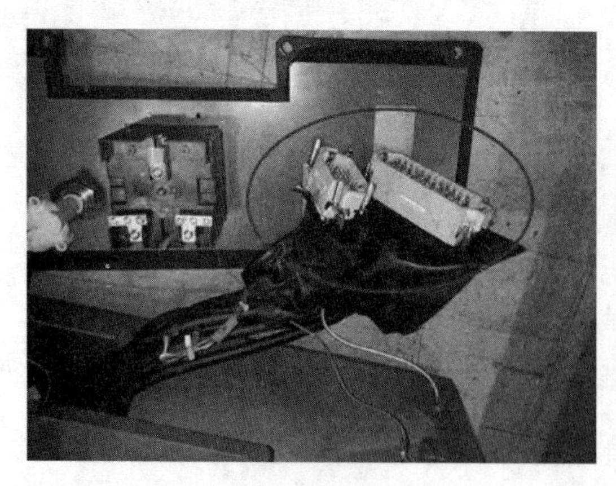

图 5-52

图 5-53

9）拆除电缆各轴的动力接头，如图 5-54 所示。

10）拆除电缆各轴的刹车接头，如图 5-55 所示。

11）拆除 J2 轴基座上的盖板，如图 5-56 所示。

12）拆除 J1 轴上侧夹紧电缆的盖板，如图 5-57 所示。

图 5-54

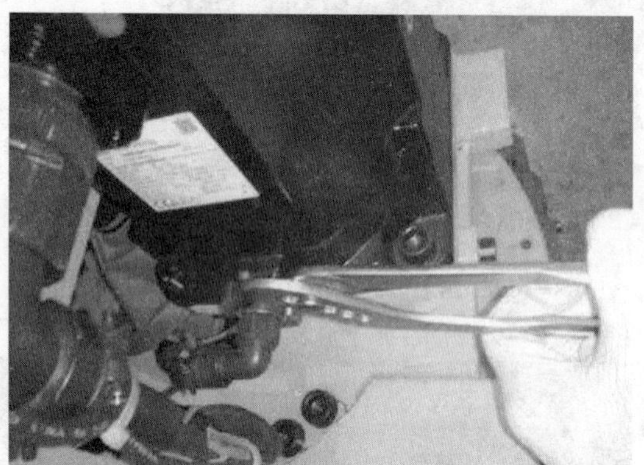

图 5-55

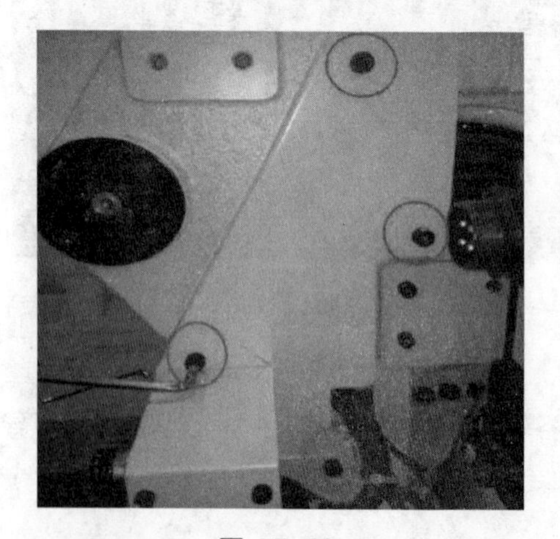

图 5-56

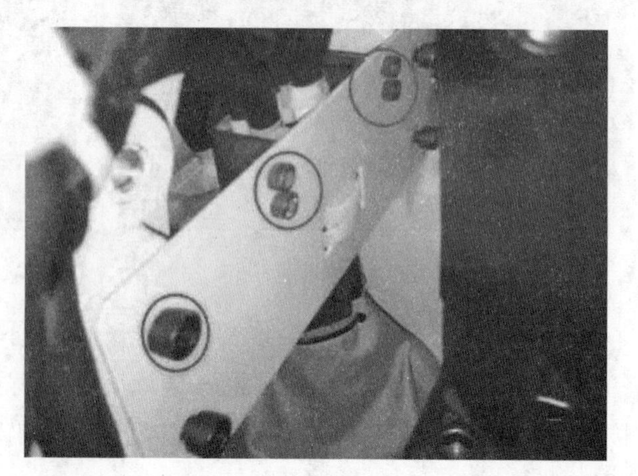

图 5-57

13）拆除 J1 轴基座内的板和固定电缆夹的螺栓，如图 5-58 所示。

14）将本体哈丁头从 J1 底座管部拉出，如图 5-59 所示。

图　5-58

图　5-59

15）拆除 J2 轴侧板的固定螺栓，如图 5-60 所示。

16）拆除 J2 轴机械臂的盖板，如图 5-61 所示。

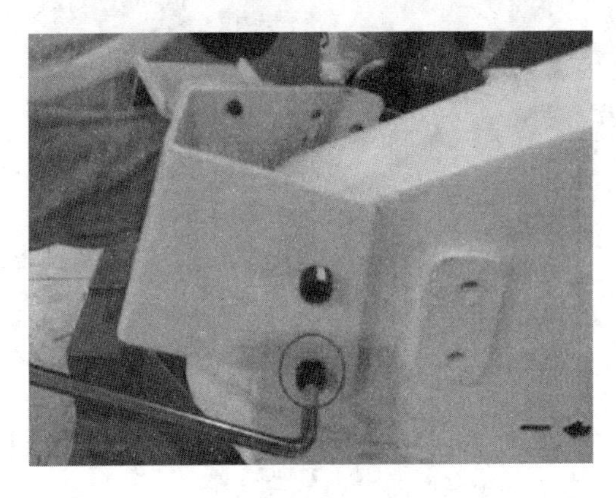

图　5-60

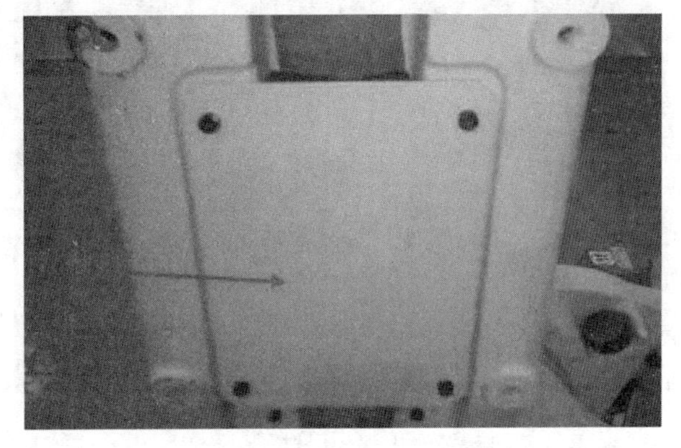

图　5-61

17）拆除电缆的夹紧盖板，如图 5-62 所示。

18）拆除电缆的防护布，如图 5-63 所示。

19）拆除 J3 轴外壳的正面配线板，如图 5-64 所示。

20）拆除 J3 轴外壳的左侧盖板 1，如图 5-65 所示。

21）拆除 J3 轴外壳的左侧盖板 2，如图 5-66 所示。

22）拆除 J3 轴外壳右侧走线板，如图 5-67 所示。

23）将 J3 ～ J6 轴电缆穿过铸孔，并将其拉到正面，如图 5-68 所示。

24）切断束紧着电缆的尼龙扎带，从而拆除电缆。

25）将电缆用尼龙扎带束紧后，用螺栓将电缆固定在 J2 轴机臂上，如图 5-69 所示。

26）将盖板安装到 J2 轴机臂上，如图 5-70 所示。

27）新电缆在需要固定并扎紧的部位有黄色胶带标记，按照标记固定并束紧扎带，如果绑得过后或者过前都会导致之后的走线不顺畅，如图 5-71 所示。

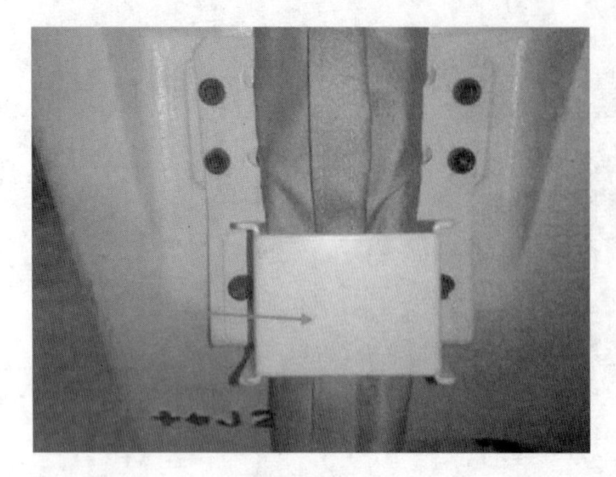

图 5-62

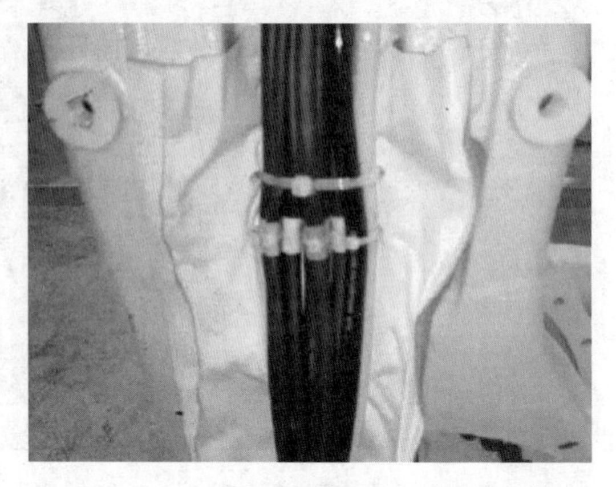

图 5-63

图 5-64

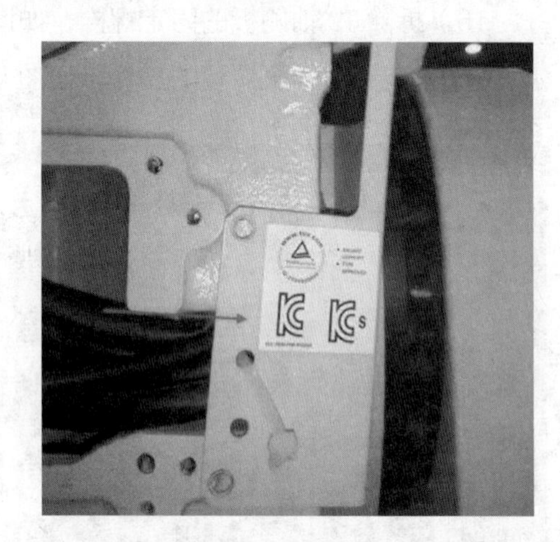

图 5-65

图 5-66

图 5-67

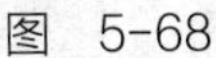

图　5-68

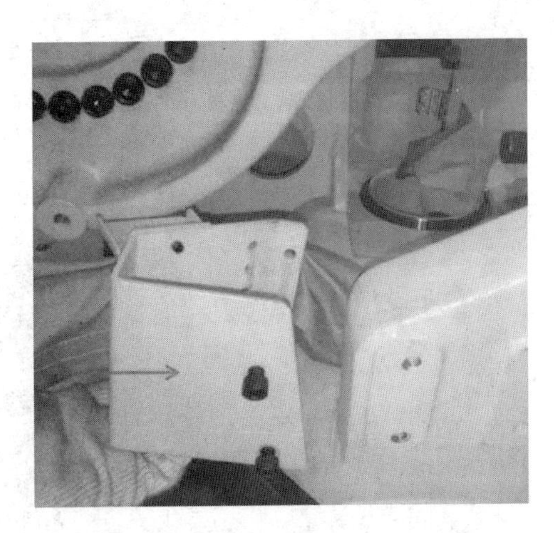

图　5-69

图　5-70

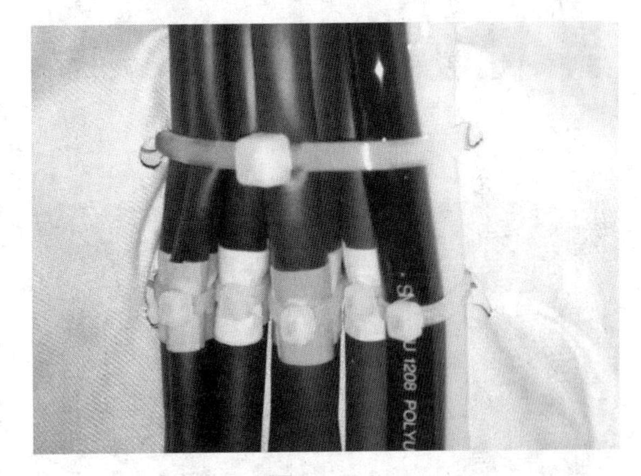

图　5-71

28）用扎带将电缆束紧，将 J1 轴的上侧盖板固定在 J2 轴基座上，如图 5-72 所示。

29）安装好侧边的盖板，如图 5-73 所示。

30）将电缆穿过平衡缸下侧，注意电缆的修整，避免电缆与平衡缸相互干涉，如图 5-74 所示。

31）将电缆从 J1 轴管孔穿过，如图 5-75 所示。

32）将电缆拉到 J1 轴基座后侧，在线夹处用尼龙扎带将电缆固定好，如图 5-76 所示。

33）如果是更换本体编码器电缆，需要用退针器将 30、37 号针脚的短接插头（超程信号）退出，装到新的电缆中，如图 5-77 所示。

34）将哈丁头固定在配线板上，将地线接好，然后将电池盒电缆接好（注意正负极，不要装反），如图 5-78 所示。

35）将 J3 ～ J6 轴电动机插头从 J3 轴外壳侧穿过其中的铸孔，如图 5-79 所示。

36）将 J3 ～ J6 轴电缆固定在安装板上，如图 5-80 所示。

37）将 J3 轴外壳的各个盖板安装好，如图 5-81 所示。

38）将各轴的电动机编码器、刹车、动力接头连接好。安装好 J1、J2 轴的编码器保护，如图 5-82 所示。

39）检查各个盖板螺栓是否齐全，同时拧紧，如图 5-83 所示。

40）接通电源，重新校准机器人零位，检查机器人状态是否正常。

图 5-72

图 5-73

图 5-74

图 5-75

图 5-76

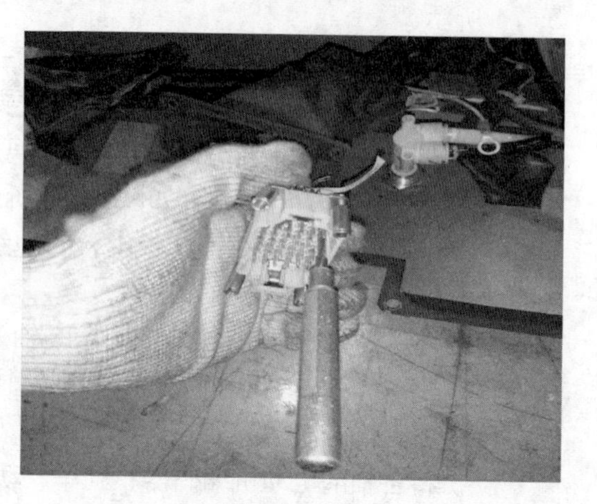

图 5-77

图　5-78

图　5-79

图　5-80

图　5-81

图　5-82

图　5-83

项目测试

阐述机器人轴与电动机的更换过程。

项目 6

机构部件常见问题及处理

项目描述

本项目主要讲解机构部件易出现的问题及其解决方法，读者需对其有初步的了解与认识。

项目过程

机构部件中发生的故障，有时是由多个不同的原因重合在一起造成的，要彻底查清原因往往很困难。此外，如果采取错误对策，会导致故障进一步恶化。因此，详细分析故障的情况，搞清楚原因十分重要。常见症状以及相应对策见表 6-1。

表 6-1

症　状	症状分类	原　因	对　策
产生振动，出现异常声音	1）机器人发生碰撞或者在过载状态下长期使用后，产生振动或者出现异常声音 2）长期没有更换润滑脂的轴产生振动或者出现异常声音 3）润滑脂、润滑油或者部件更换后立刻开动的话，会出现振动或者异常声音	1）由于碰撞或过载，造成过大的外力作用于驱动系统，致使齿轮、轴承、减速机的齿轮面或滚动面损伤 2）由于长期在过载状态下使用，致使齿轮、轴承、减速机的齿轮面或滚动面因疲劳而产生剥落。或由于齿轮、轴承、减速机内部咬入异物，致使齿轮、轴承、减速机的齿轮面或滚动面损伤 3）齿轮轴承减速机内部咬入异物导致振动 4）由于长期在没有更换润滑油的状态下使用，致使齿轮、轴承、减速机的齿轮面或滚动面因疲劳而产生剥落 5）可能是没有正确更换、补给润滑脂和润滑油，或者供脂量、供油量不足	1）使机器人每个轴单独动作，确认哪个轴产生振动 2）确认 J4、J5、J6 油量计的油面。油面没有处在一半以上的情况下，应补充油 3）需要拆下电动机，更换齿轮、轴承、减速机部件 4）不在过载状态下使用，可以避免驱动系统的故障 5）按照规定的时间间隔更换指定的润滑脂，可以预防故障的发生 6）更换润滑脂和润滑油之后也无法消除振动或者异常声音时，首先运转机器人，然后更换润滑脂和润滑油可能会有所改善
	不能通过地板面、架台等机构部件来确定原因	1）控制装置内的回路发生故障，动作指令没有被正确传递到电动机或者电动机信息没有正确传递到控制装置，导致机器人振动	1）有关控制装置、放大器的常见问题处理方法，请参阅控制装置维修说明书 2）更换振动轴的电动机的脉冲编码器，确认是否还振动

（续）

症　状	症状分类	原　因	对　策
产生振动，出现异常声音	不能通过地板面、架台等机构部件来确定原因	2）脉冲编码器发生故障，电动机的位置没有正确传递到控制装置，导致机器人振动 3）电动机主体部分发生故障，不能发挥其原有的性能，导致机器人振动 4）机构部件内的可动部电缆的动力线断续断线，电动机不能跟从指令值，导致机器人振动 5）机构部件内的可动部的脉冲编码器断续断线，指令值不能正确传递到电动机，导致机器人振动 6）机构部件和控制装置的连接电缆快要断线，导致机器人振动 7）电源电缆快要断线，导致机器人振动 8）因电压下降而没有提供规定电压，导致机器人振动 9）因某种原因而输入了与规定值不同的动作控制用变量，导致机器人振动	3）更换振动轴的电动机，确认是否还振动 4）机器人仅在特定姿势下振动时，可能是因为机构部件内电缆断线，只需将机构部件内断线电缆连接即可 5）在机器人停止的状态下摇晃可动部的电缆，确认是否会发生报警。如果发生报警等异常，则需要更换机构部件内电缆 6）确认机构部件和控制装置连接电缆上是否有外伤。有外伤时，更换连接电缆，确认是否还振动 7）确认电源电缆上是否有外伤，有外伤时，更换电源电缆，确认是否还振动 8）确认已经提供规定电压 9）作为动作控制用变量，确认已经输入正确的变量，如果有错误，重新输入变量
	机器人附近的机械动作状况与机器人的振动有某种相关关系	1）没有切实连接地线时，电气噪声会混入地线，导致机器人因指令值不能正确传递而振动 2）地线连接场所不合适的情况下，导致接地不稳定，致使机器人因电气噪声的轻易混入而振动	切实连接地线，以避免接地碰撞，防止电气噪声从别处混入
	1）更换润滑脂后发生异常声音 2）长期停机后运转机器人时，发出异常声音 3）低速运转时发生异常声音	1）使用指定外的润滑脂时，导致机器人发生异常声音 2）即使使用指定润滑脂，在刚刚更换完后或长期停机后重新启动时，机器人在低速运转下发出异常声音	1）使用指定润滑脂 2）使用指定润滑脂还发生异常声音时，观察 1～2 天机器人的运转情况，通常情况下异常声音会逐渐消失
	在刚更换润滑脂、润滑油或者部件后运转而发出异常声音	尚未正确更换或补充润滑脂、润滑油，或者供脂量、供油量不足	应马上停止机器人，确认损伤情况。润滑脂、润滑油不足的情况下，予以补充
	机器人的动作速度不连续，有跳跃现象发生	油质劣化所产生的沉积油泥被咬入轴承	先运转机器人，搅起沉积的油泥后再更换润滑油
出现晃动	1）在切断机器人的电源时，用手按，部分机构部件会晃动 2）机构部件的连接面有空隙	过载和碰撞等使机器人机构部件的连接螺栓松动	针对各轴，确认下列部位的螺栓是否松动，如果松动，则用防松胶以适度力矩切实将其拧紧 1）电动机固定螺栓 2）减速机外壳固定螺栓 3）减速机轴固定螺栓 4）机座固定螺栓 5）手臂固定螺栓 6）外壳固定螺栓 7）末端执行器固定螺栓

（续）

症　状	症状分类	原　因	对　策
电动机过热	1）机器人安装场所温度上升后，发生电动机过热 2）在电动机上安装盖板后，导致电动机过热 3）在改变动作程序和负载条件后，发生电动机过热	1）环境温度上升或因安装的电动机盖板，使电动机的散热情况恶化，导致电动机过热 2）在超过允许平均电源值的条件下使电动机动作	1）降低环境温度，是预防电动机过热的最有效手段 2）改善电动机周边的通风条件，即可改善电动机的发热情况，防止电动机过热。采用风扇鼓风，也可有效预防电动机过热 3）电动机周围有热时，设置一块预防辐射热的屏蔽板，也可有效预防电动机过热 4）通过放宽动作程序、负载条件，使平均电流值下降，从而防止电动机过热 5）可通过示教器监控平均电流值，确认运行动作程序时的平均电流值
	在变更动作控制变量（负载设定）后发生电动机过热	所输入的工件数据不合适时，机器人的加减速将变得不合适，致使平均电流值增加，导致电动机过热	更改合适的负载设定
	不符合上述任何一项	1）机构部件驱动系统发生故障，致使电动机承受过大负载 2）电动机制动器的故障，致使电动机始终在受制动的状态下动作，由此导致电动机承受过大的负载 3）电动机主体的故障而致使电动机自身不能发挥其性能，从而使过大的电流流过电动机	1）请参照振动、异常声音、松动项，排除机构部件的故障 2）确认在伺服系统的励磁上升时，制动器是否开放。制动器没有开放时，应更换电动机 3)更换电动机后平均电流值下降时，可以确认这种情况为异常
润滑脂泄漏，油泄漏	润滑脂、润滑油漏出	1）铸件龟裂、O形密封圈破损、油封破损、密封螺栓松动所致 2）铸件出现龟裂可能是因为碰撞或其他原因使机构承受了过大的外力所致 3）O形密封圈的破损，可能是因为拆解、重新组装时O形密封圈被咬入或切断所致 4）油封破损可能是因为粉尘等异物的侵入造成油封唇部划伤所致 5）密封螺栓、圆锥形螺栓松动时，润滑油将沿着螺钉漏出	1）铸件上发生龟裂等情况下，作为应急措施，可用密封剂封住裂缝，防止润滑脂或者油泄漏。但是，因为裂缝有可能进一步扩展，所以必须尽快更换部件 2）O形密封圈使用于电动机连接部、减速机（箱体侧、轴出、轴侧）连接部、手腕连接部、J3手臂连接部、手腕内部 3）油封使用于减速机内部、手腕内部 4）密封螺栓、圆锥形螺栓使用于供脂口、排脂口、供油口、排油口、盖板固定处
轴落下	1)制动器完全不管用，轴落下 2）停止时，轴慢慢落下	1）制动器驱动继电器熔敷，制动器呈通电状态，在电动机的励磁脱开后，制动器起不到制动作用 2）制动蹄磨耗、制动器主体破损而使制动器的制动情况恶化 3）油、润滑脂等混入电动机内部，致使制动器滑动	1）确认制动器驱动继电器是否熔敷。如果熔敷，更换继电器。制动蹄的磨损、制动器主体的破损、油和润滑脂侵入电动机内部的情况下，更换电动机 2）对于J4轴，由于有电缆可动部，在超过行程极限的情况下，会使可动部电缆承受负荷，或损坏电缆。在超过行程极限的情况下，应拆除J4背面板，注意电缆的状态，使其返回动作范围内 3）电缆扎带断开的情况下，要安装新的，若在断开的状态下运转，会损坏电缆

（续）

症　状	症状分类	原　因	对　策
位置偏移	1）机器人在偏离示教的位置动作 2）重复定位精度大于允许值	1）重复定位精度不稳定的情况下，可能是因为机构部件上的驱动系统异常、螺栓松动等故障所致 2）一度偏移后，重复定位精度稳定的情况下，可能是因为碰撞等而有过大的负载作用致使机座设置面、各轴手臂和减速机等的连接面滑动 3）可能是脉冲编码器异常	1）重复定位精度不稳定时，请参照振动、异常声音、松动项，排除机构部的故障 2）重复定位精度稳定时，请修改示教程序。只要不再发生碰撞，就不会发生位置偏移 3）在脉冲编码器异常的情况下，更换电动机或脉冲编码器
	位置仅对特定的外围设备偏移	外力从外部作用于外围设备而使相对位置相对机器人偏移	1）改变外围设备的设置位置 2）修改示教程序
	改变参数后，发生位置偏移	改写零点标定数据而使机器人的原点丢失	1）重新输入以前正确的零点标定数据 2）不明确正确的零点标定数据时，重新进行零点标定
发生 BZAL 报警	示教器界面上显示 BZAL 报警	1）存储器后备用电池的电压下降 2）脉冲编码器电缆断线	1）更换电池 2）更换电缆

末端执行器安装的下落量见表 6-2。

表　6-2

状　态	下落量 /mm
断开电源时	5
紧急停止时	5

项目测试

1. 简述机构部件出现常见故障的解决方法。
2. 详解机构部件出现问题的原因。

项目 7

控制柜常见问题及处理 1

项目描述

本项目主要讲解电气控制部分易出现的问题及其解决方法，主要涉及电源、报警、停止信号方面的故障处理，读者需对常见故障的原因和处理办法有较为熟练地掌握。

项目过程

1. 断路器不通电源

断路器不通电源的检查和处理方法见表 7-1 和图 7-1。

表 7-1

检　查	处　理
确认断路器电源已经接通，或者确认断路器没有处在跳闸状态	1）断路器没有接通时，接通断路器 2）断路器跳闸时，参照综合连接图（图 7-2）检查原因

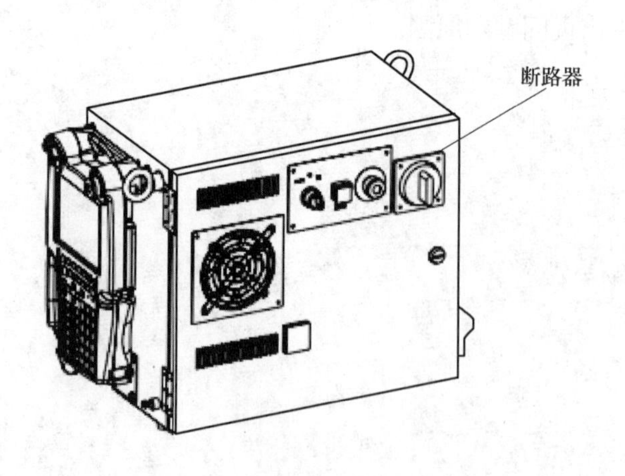

图　7-1

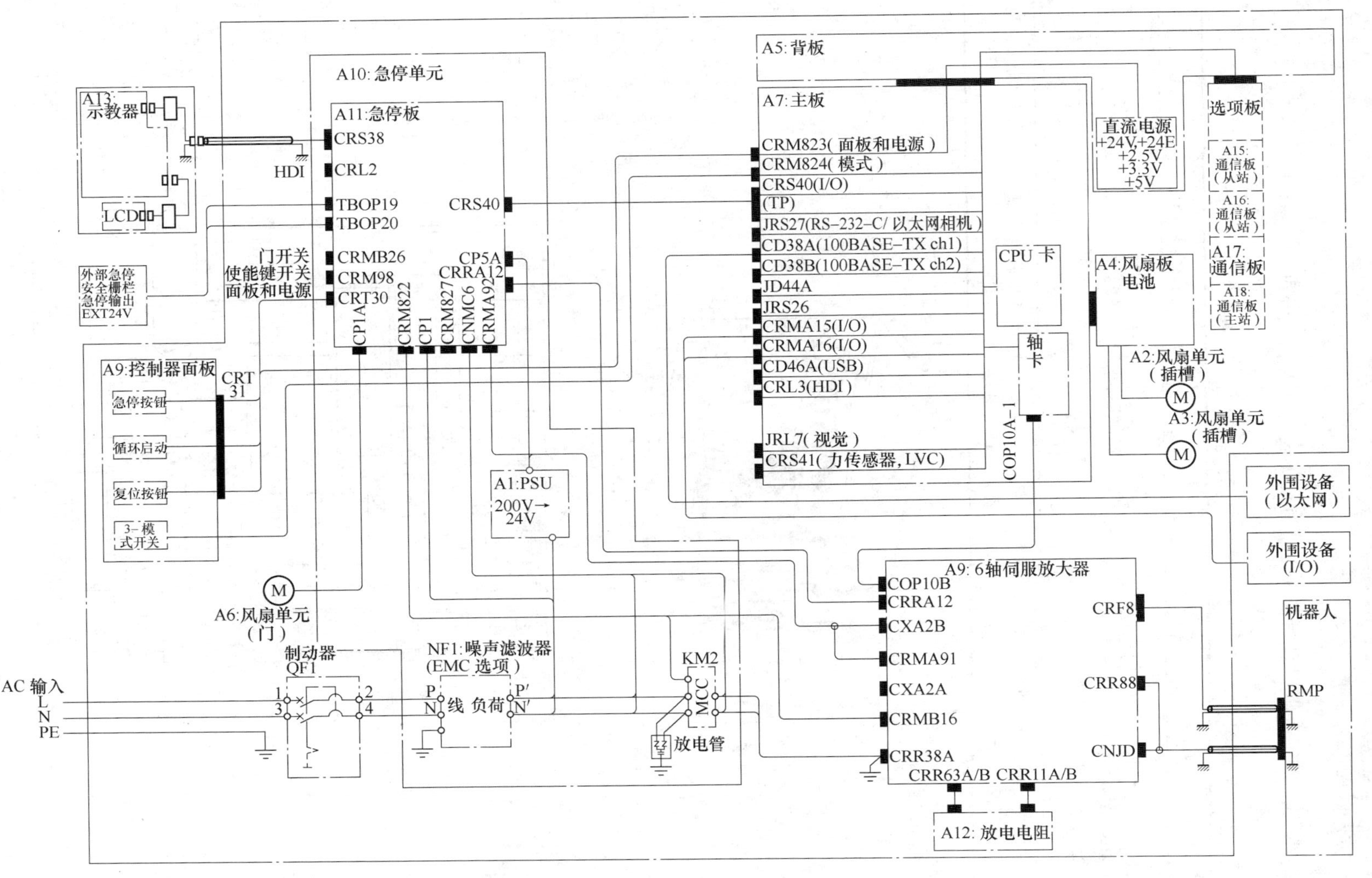
A13:
示教器
LCD
HDI
外部急停
安全栅栏
急停输出
EXT24V
A10: 急停单元
A11:急停板
CRS38
CRL2
TBOP19
TBOP20
CRS40
门开关
使能键开关
面板和电源
CRMB26
CRM98
CRT30
CP5A
CRRA12
CP1A
CRM822
CP1
CRM827
CNMC6
CRMA92
A9:控制器面板
CRT
31
急停按钮
循环启动
复位按钮
3-模
式开关
A1:PSU
200V→
24V
A6:风扇单元
(门)
AC 输入
L
N
PE
制动器
QF1
NF1:噪声滤波器
(EMC 选项)
P
N
线
负荷
P'
N'
KM2
MCC
放电管
A5: 背板
A7: 主板
CRM823(面板和电源)
CRM824(模式)
CRS40(I/O)
(TP)
JRS27(RS-232-C/以太网相机)
CD38A(100BASE-TX ch1)
CD38B(100BASE-TX ch2)
JD44A
JRS26
CRMA15(I/O)
CRMA16(I/O)
CD46A(USB)
CRL3(HDI)
JRL7(视觉)
CRS41(力传感器, LVC)
CPU 卡
轴卡
COP10A-1
直流电源
+24V,+24E
+2.5V
+3.3V
+5V
A4:风扇板
电池
A2:风扇单元
(插槽)
A3:风扇单元
(插槽)
选项板
A15:
通信板
(从站)
A16:
通信板
(从站)
A17:
通信板
A18:
通信板
(主站)
外围设备
(以太网)
外围设备
(I/O)
A9: 6轴伺服放大器
COP10B
CRRA12
CXA2B
CRMA91
CXA2A
CRMB16
CRR38A
CRR63A/B
CRR11A/B
CRF8
CRR88
CNJD
A12: 放电电阻
机器人
RMP
图 7-2

2. 示教器不通电源

示教器不通电源的检查方法和处理办法见表 7-2 和图 7-3 所示。

表 7-2

检　查	处　理
检查 1：确认急停板上的熔丝 PUSE3 是否熔断。熔丝熔断时，急停板上的 LED（红）点亮。熔丝已经熔断时，执行处理 1，更换熔丝	处理 1 1）检查示教器电缆是否有异常，如有需要则予以更换 2）检查示教器上是否有异常，如有需要则予以更换 3）更换急停板
检查 2：急停印制电路板上的熔丝 FUSE3 尚未熔断时，执行处理 2	处理 2：主板的 LED 尚未点亮时，更换急停单元。主板的 LED 已经点亮时，执行处理 1

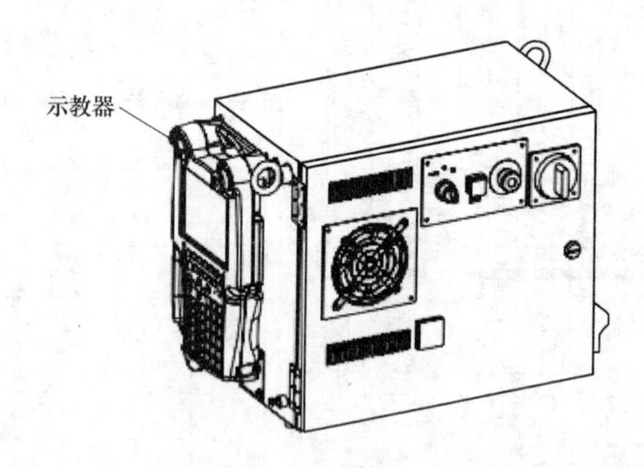

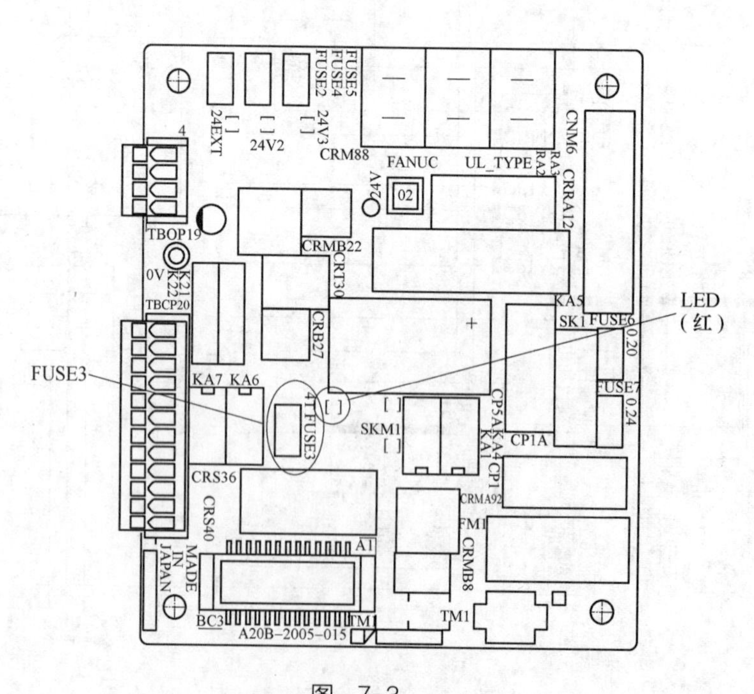

图 7-3

3. 示教器保持初期界面无变化

示教器保持初期界面无变化的检查方法和处理办法见表 7-3 和图 7-4 所示。

表 7-3

检　查	处　理
检查 1：确认主板上的状态显示 LED 和 7 段 LED	按照 LED 的状态采取对策
检查 2：（检查 1）中主板的 LED 尚未点亮时，检查主板上的 FUSE1 是否熔断 1）已经熔断的情形参照处理 1 2）没有熔断的情形参照处理 2	处理 1 1）更换后面板 2）更换主板 3）迷你插槽上安装可选板时，更换可选板 处理 2 1）更换急停单元 2）更换主板—急停单元之间的电缆 3）更换（处理 1）中的板

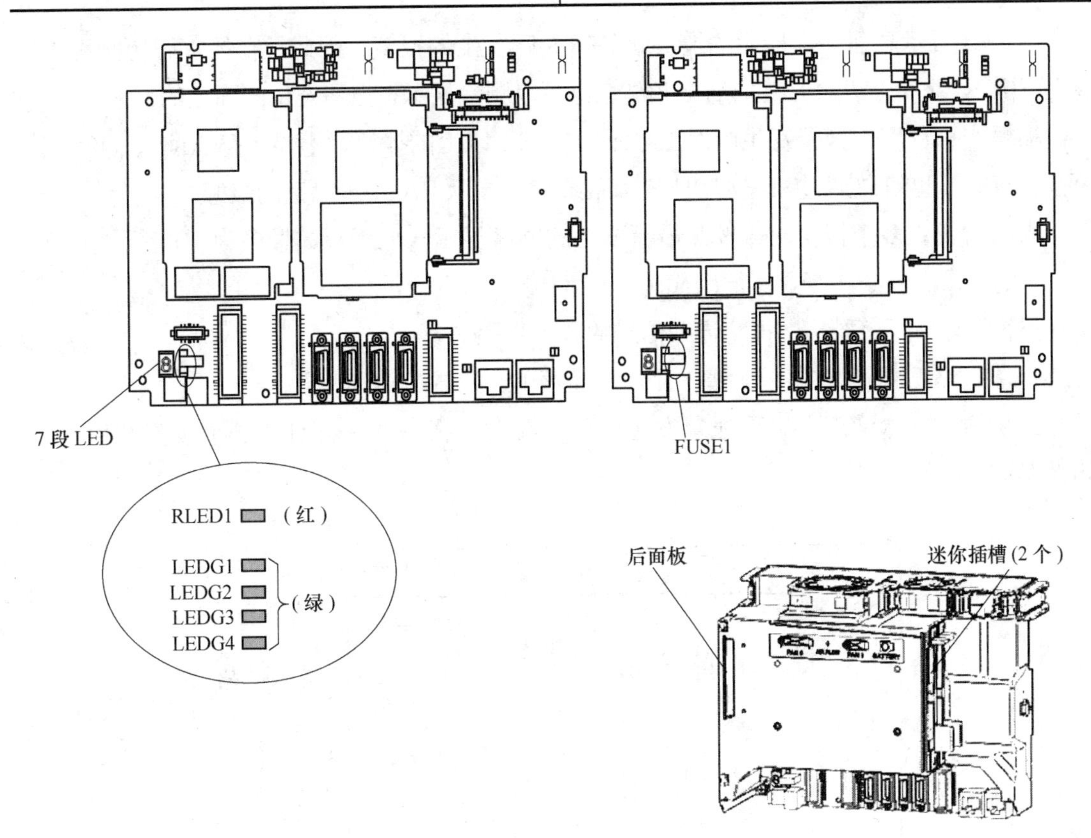

图 7-4

4. 报警发生画面

报警发生画面仅显示当前发生的报警。通过报警解除输入而成为非报警状态时，报警发生画面会显示“无有效报警”，如图 7-5 所示。

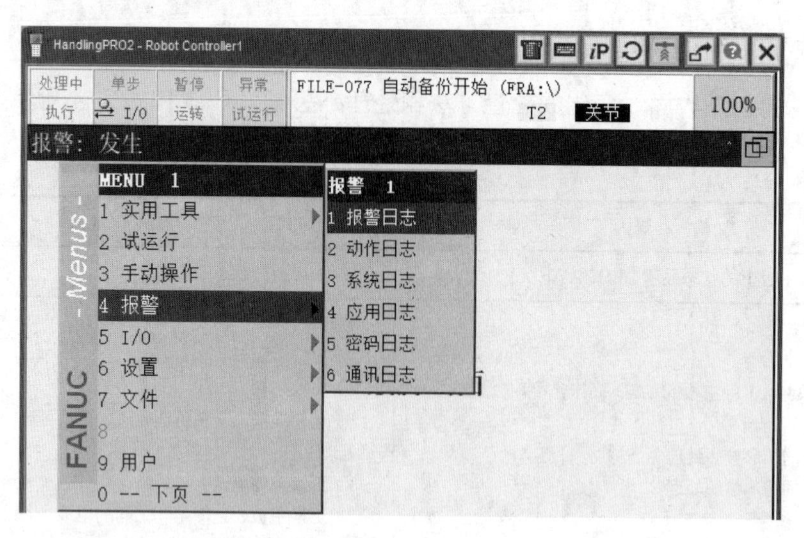

图 7-5

图 7-5 所示画面显示最后的报警解除输入后发生的报警，因此，在报警履历画面上同时按“CLEAR”（清除）键 +SHIFT 键，也可以删除显示在报警发生画面上的报警。

根据严重程度，报警发生画面上显示 PAUSE 以上的报警，不显示 WARN、NONE、复位。有时，也可以通过 $ER NOHIS 等系统变量显示 PAUSE 以上的报警。

当同时发生多个报警时，按照最新发生的顺序显示。显示行数最多为 100 行。具有原因代码的报警，在下一行显示原因代码。

报警发生 / 报警履历 / 报警详细信息的显示步骤如下：

1）按“MENU”（菜单）键，显示画面菜单，如图 7-5 所示。

2）选择“4 报警”，出现报警发生画面。在发生报警时，会自动显示报警发生画面，如图 7-6 所示。

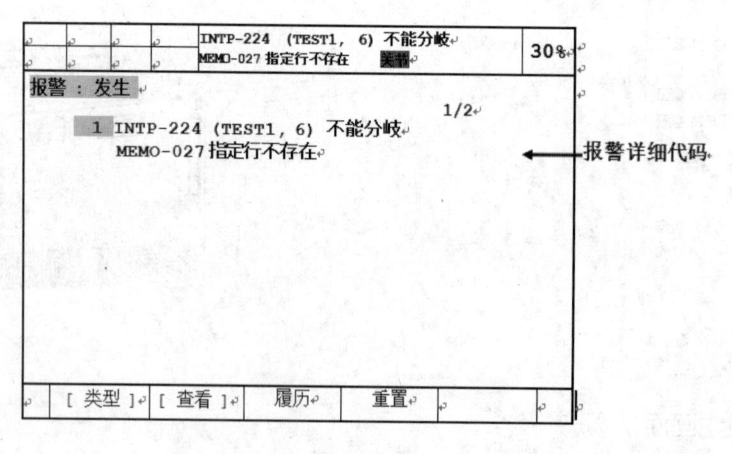

图 7-6

3）要显示报警履历画面，按 F3“履历”键。当再按一次 F3“有效”键时，则返回报

警发生画面，如图 7-7 所示。

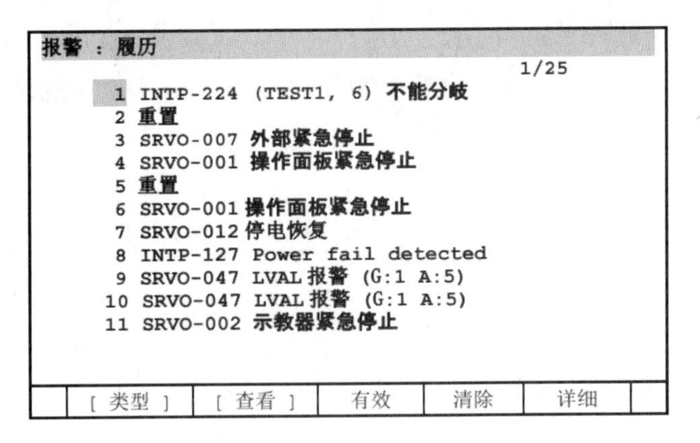

图 7-7

注释

对于最新发生的报警，赋予编号 1。要显示无法在画面上全部显示出的信息时，按 F5“HELP”（详细），并按右箭头键。

4）要显示报警详细画面，按 F5“详细”键，如图 7-8 所示。

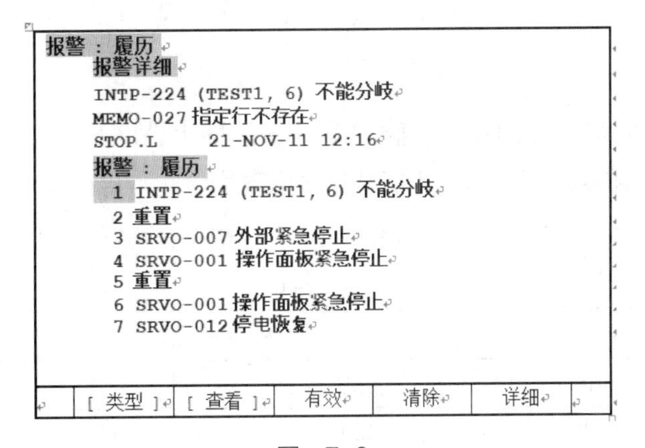

图 7-8

5）要返回报警履历画面，按“PREV”（返回）键。

6）要删除所有的报警履历，同时按“SHIFT”（位移）+F4“清除”键。

注释

当系统变量 $ER NOHIS=1 时，不记录基于 NONE 报警、WARN 报警的报警履历；当 $ER NOHIS=2 时，不记录在复位报警履历中；当 $ER NOHIS=3 时，不将复位和 WARN 报警、NONE 报警记录到报警履历中。

图 7-9 为确认报警时所需的示教器的按键操作。

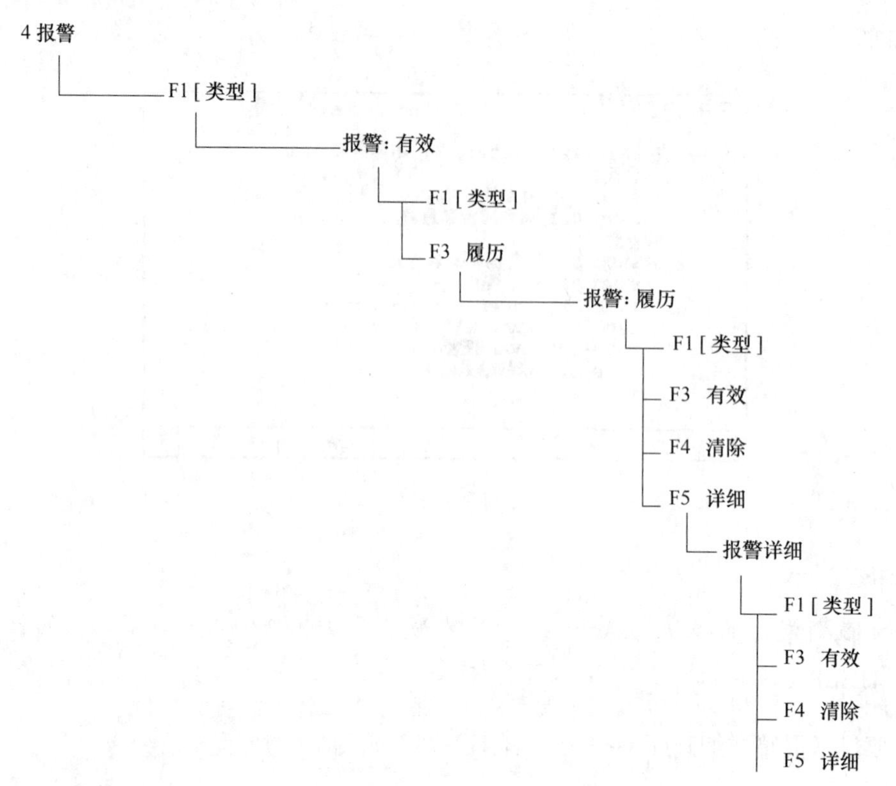

图 7-9

5. 停止信号

停止信号画面显示与安全相关的信号的状态。画面上，以 ON 或 OFF 来显示各停止信号的当前状态。另外需要注意的是，不能从该画面改变停止信号的状态。停止信号的名称及说明见表 7-4。

表 7-4

信号名	说明
操作面板急停	表示操作面板的急停按钮的状态。当按急停按钮时，显示为“TRUE”
示教器急停	表示示教器的急停按钮的状态。当按急停按钮时，显示为“TRUE”
外部急停	表示外部急停信号的状态。当输入外部急停信号时，显示为“TRUE”
栅栏打开	表示安全栅栏的状态。当打开安全栅栏时，显示为“TRUE”
安全开关	表示是否将示教器上的安全开关把持在适当位置。在示教器有效时，将安全开关把持在适当位置显示为“TRUE”。在示教器有效时松开或握紧安全开关，就发生报警，并断开伺服装置的电源
示教器有效	表示示教器是有效还是无效。当示教器有效时，显示为“TRUE”
机械手断裂	表示机械手的安全接头的状态。当机械手与工件等相互干涉、安全接头开启时，显示为“TRUE”。此时，发生报警，伺服装置的电源断开
机器人超程	表示机器人当前所处的位置是否超过操作范围。当机器人各关节内的任何一个超过超程开关并越出动作范围时，显示为“TRUE”。此时，发生报警，伺服装置的电源断开
空气压异常	表示空气压的状态。将空气压异常信号连接到空气压传感器上使用。当空气压在允许值以下时，显示为“TRUE”

停止信号显示步骤如下：

1）按“MENU”（菜单）键，显示画面菜单，如图 7-10 所示。

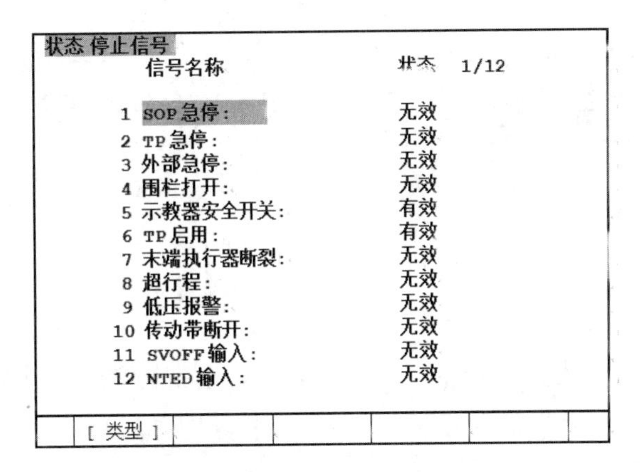

图 7-10

2）选择下页的“4 状态”。

3）按“F1［类型］”键，显示画面切换菜单。

4）选择“停止信号”，显示出安全信号画面。

项目测试

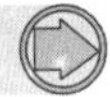

1）熟练掌握示教器不能接通电源的原因并将其解决。

2）熟悉报警发生画面。

3）了解出现停止信号的原因。

项目 8

控制柜常见问题及处理 2

项目描述

本项目主要讲解电气控制部分易出现的问题及其解决方法，主要涉及熔丝、LED 与手动操作方面的故障处理，读者需对常见故障的原因和处理办法有较为熟练地掌握。

项目过程

1. 熔丝常见问题及处理

（1）主板的熔丝　FUSE1 用于外围设备接口 +24V 输出保护，如图 8-1 所示。表 8-1 为 FUSE1 常见问题及处理。

（2）6 轴伺服放大器的熔丝（图 8-2）

1）FS1：用于产生放大器控制电路的电源。

2）FS2：用于对末端执行器、XROT、XHBK 的 24V 输出保护，用于机械内部风扇电动机（选项）的 24V 供电保护（M-3iA）。

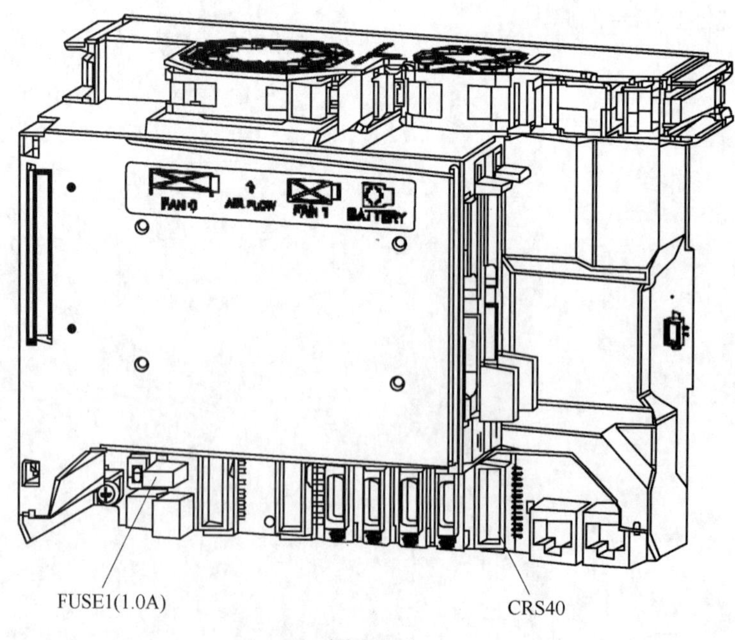

图　8-1

表　8-1

名　称	熔断时的现象	对　策
FUSE1	示教器上显示报警（SRVO-220）	1）有可能 24SDI 与 0V 短路。检查外围设备电缆是否有异常，如有异常则更换 2）拆除 CRS40 的连接。拆除后 FUSE1 仍然继续熔断时，更换主板 3）更换急停单元与伺服放大器之间的电缆 4）更换主板与急停单元之间的电缆 5）更换急停单元 6）更换伺服放大器

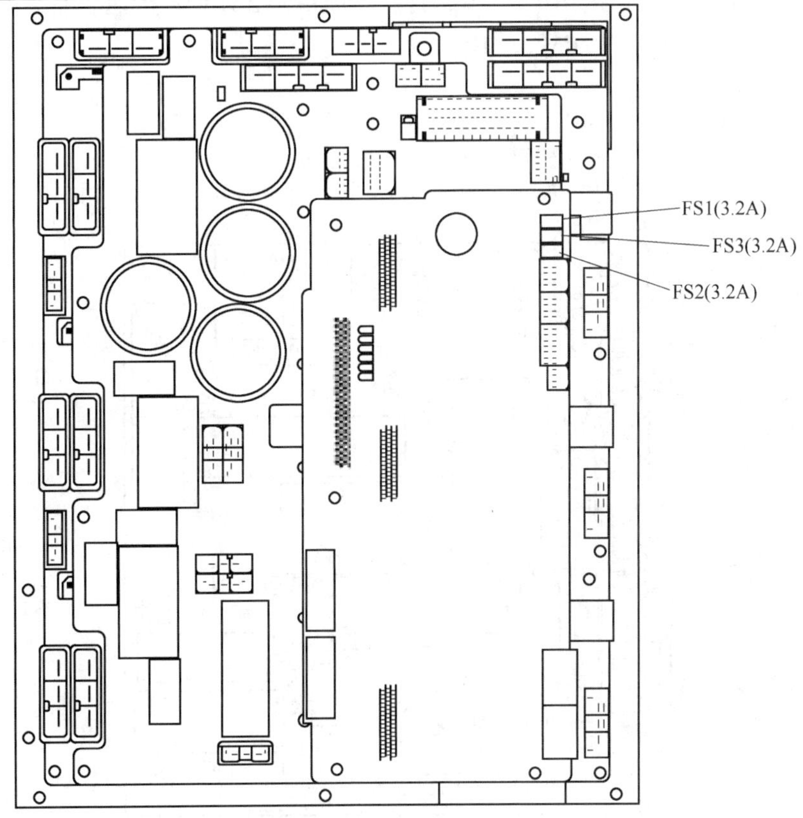

图　8-2

3）FS3：用于对再生电阻、附加轴放大器的 24V 输出保护。

FS1、FS2、FS3 常见问题及处理见表 8-2。

表　8-2

名　称	熔断时的现象	对　策
FS1	1）伺服放大器的所有 LED 都消失 2）示教器上显示出 FSSB 断线报警（SRVO—057）或 FSSB 初始化报警（SRVO—058）	更换 6 轴伺服放大器
FS2	示教器显示“FUSEBLOWN（AMP）（SRVO—214）”（6 轴放大器熔丝熔断）和“Hand broken（SRVO-006）”（机械手断裂）、“Robot overtravel（SRVO-005）”（机器人超程）	1）检查末端执行器中所使用的 +24VF 是否有接地故障 2）检查机器人连接电缆和机器人内部电缆。检查机械内部风扇（M-3iA 选项） 3）更换 6 轴伺服放大器
FS3	示教器显示“6ch amplifier fuse blown（SRVO-214）”（6 轴放大器熔丝熔断）和“DCAL alarm（SRVO-043）”（DCAL 报警）	1）检查再生电阻，如有必要则更换 2）更换 6 轴伺服放大器

（3）急停板的熔丝（图 8-3）

1）FUSE2：用于急停回路的保护 。

2）FUSE3：用于示教器 +24V 的保护。

3）FUSE4：用于 +24V 的保护。

4）FUSE5：用于主板 +24V 的保护。

5）FUSE6、FUSE7：用于柜门风扇、背面风扇单元 200V 的接地故障保护。

FUSE2 ～ FUSE7 常见问题及处理见表 8-3。

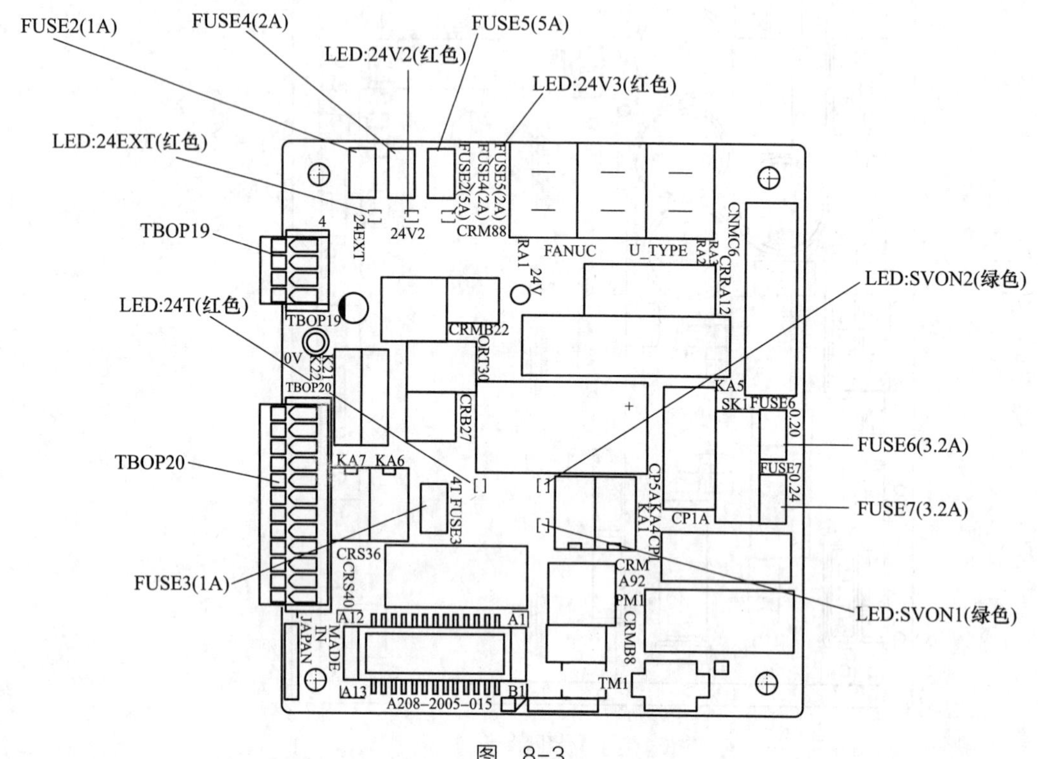

图 8-3

表 8-3

名　称	熔断时的现象	对　策
FUSE2	示教器显示报警（SRVO—007），急停板上的红色 LED（24EXT）亮	1）确认 TBOP19 的 EXT24V 和 EXT0V 的电压。尚未使用外部电源时，确认 EXT24V 和 INT24V 之间或者 EXT0V 和 INT0V 之间的连接 2）确认 24EXT（急停电路）没有发生短路或接地故障 3）更换急停板 4）检查示教器上是否有异常，如有需要予以更换
FUSE3	示教器的显示消失，急停板上的红色 LED（24T）亮	1）检查示教器电缆是否有异常，如有需要予以更换 2）检查急停板（CRS40）与主板（CRS40）之间的电缆是否有异常，如有需要予以更换 3）检查示教器是否有异常，如有需要予以更换 4）更换急停板 5）更换主板

（续）

名　称	熔断时的现象	对　策
FUSE4	急停要因系统的输入信号发出报警，急停板上的红色 LED（24V2）亮	1）确认 TBOP20 的连接 2）检查急停板（CRS40）与主板（CRS40）之间的电缆是否有异常，如有需要予以更换 3）检查急停板（CRMA92）和 6 轴伺服放大器（CRMA91）之间的电缆是否有异常，如有需要予以更换 4）急停板（CRMB22）和 6 轴伺服放大器（CRMB16）之间连接有电缆时，检查连接器和电缆是否有异常，如有需要予以更换 5）更换急停板 6）更换急停单元 7）更换主板 8）更换 6 轴伺服放大器
FUSE5	无法再进行示教器的操作，急停板上的红色 LED（24V3）亮	1）检查急停板（CRS40）与主板（CRS40）之间的电缆是否有异常，如有需要予以更换 2）检查急停板（CRMA92）和 6 轴伺服放大器（CRMA91）之间的电缆是否有异常，如有需要予以更换 3）更换后面板 4）更换主板 5）更换急停板 6）更换 6 轴伺服放大器
FUSE6，FUSE7	风扇停止	1）检查风扇布线电缆是否有异常，如有需要则予以更换 2）更换风扇单元 3）更换急停板

在更换主板时，会导致存储器内容（参数、示教数据等）丢失，务必在进行更换作业之前备份好数据。另外，在发生报警时，有可能无法进行数据的备份，因此平时要注意数据备份。

（4）I/O 板 MA、MB 的熔丝　FUSE1：+24E 用熔丝，如图 8-4、图 8-5 所示。FUSE1 常见问题及处理见表 8-4。

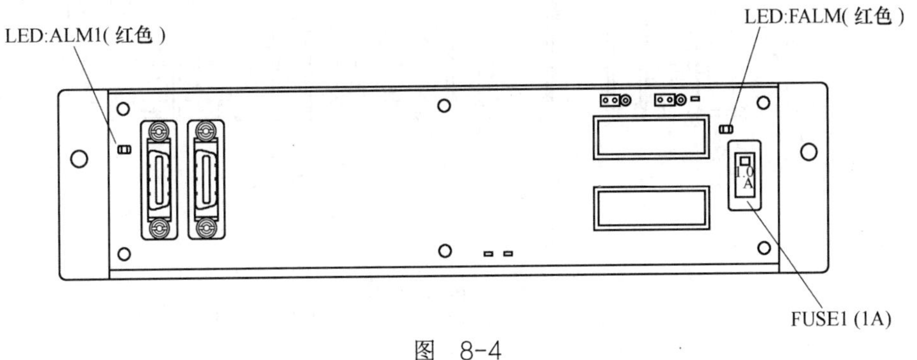

图　8-4

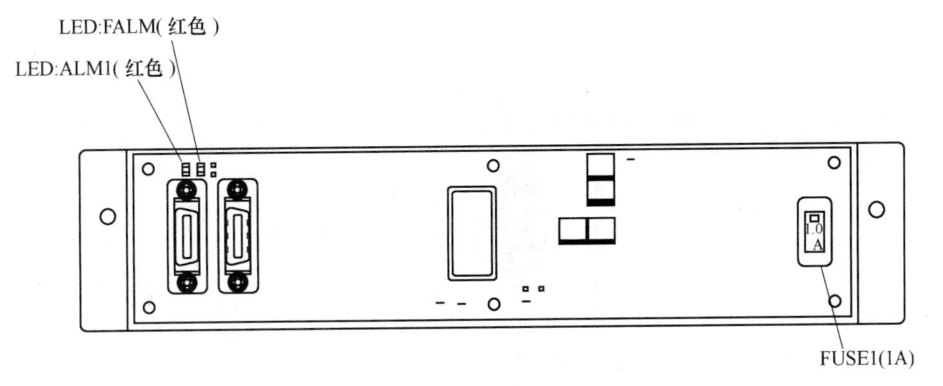

图　8-5

表 8-4

名 称	熔断时的现象	对 策
FUSE1	处理 I/O 板的 LED（ALM 或者 FALM）亮	1）检查处理 I/O 板上所连接的电缆、外围设备是否有异常 2）更换处理 I/O 板

2. LED 常见问题及处理

（1）主板 LED 常见问题及处理

1）基于状态显示 LED 的故障及排除：在接通电源时，示教器可以显示之前发生的报警，通过主板的状态显示 LED（绿色）的点亮状态来判断。在机器人正常动作状态下，状态显示 LED 全都亮，如图 8-6 所示。

在接通电源后，从步骤 1 开始依次按照步骤 1、2、…的顺序亮灯，出现不正常的情况时，在该步骤停下，如表 8-5 所示。

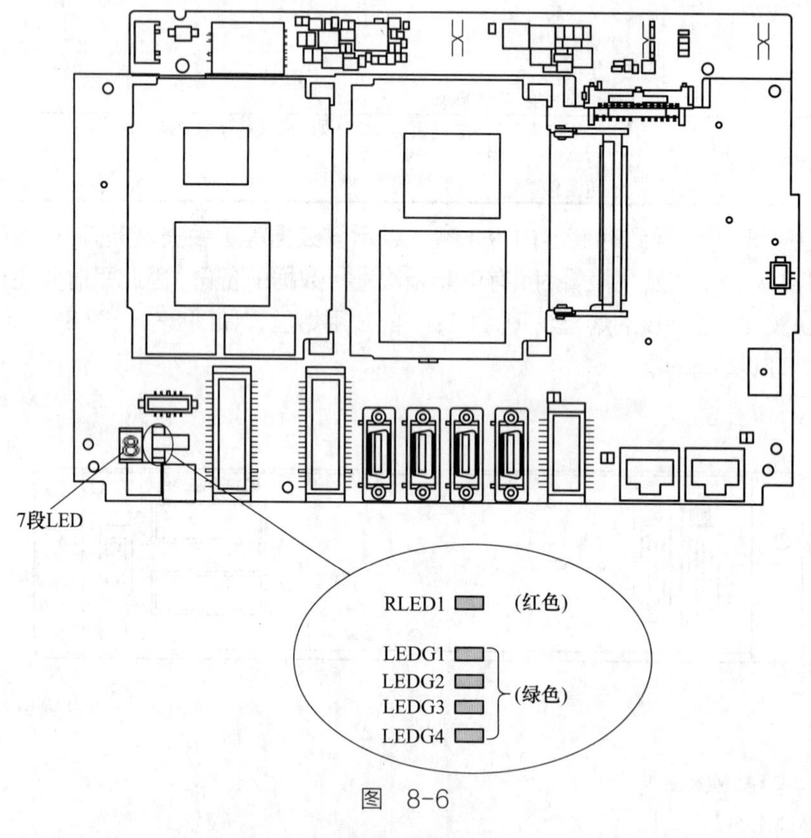

图 8-6

表 8-5

步 骤	LED 显示	对 策
1. 接通电源后，所有的 LED 都暂时亮	LEDG1 LEDG2 LEDG3 LEDG4	1）更换 CPU 卡 2）更换主板
2. 软件开始运行	LEDG1 LEDG2 LEDG3 LEDG4	1）更换 CPU 卡 2）更换主板

（续）

步　骤	LED 显示	对　策
3. CPU 上的 DRAM 初始化结束	LEDG1 LEDG2 LEDG3 LEDG4	1）更换 CPU 卡 2）更换主板
4. 通信 IC 侧的 DRAM 的初始化结束	LEDG1 LEDG2 LEDG3 LEDG4	1）更换 CPU 卡 2）更换主板 3）更换 FROM/SRAM 模块
5. 通信 IC 的初始化结束	LEDG1 LEDG2 LEDG3 LEDG4	1）更换 CPU 卡 2）更换主板 3）更换 FROM/SRAM 模块
6. 基本软件的加载结束	LEDG1 LEDG2 LEDG3 LEDG4	1）更换主板 2）更换 FROM/SRAM 模块
7. 基本软件开始运行	LEDG1 LEDG2 LEDG3 LEDG4	1）更换主板 2）更换 FROM/SRAM 模块 3）更换电源单元
8. 开始与示教器进行通信	LEDG1 LEDG2 LEDG3 LEDG4	1）更换主板 2）更换 FROM/SRAM 模块
9. 选装软件的加载结束	LEDG1 LEDG 2 LEDG	1）更换主板 2）更换处理 I/O 板
10. DI/DO 的初始化	LEDG1 LEDG 2 LEDG	1）更换 FROM/SRAM 模块 2）更换主板
11. SRAM 模块的准备结束	LEDG1 LEDG2 LEDG3 LEDG4	1）更换轴控制卡 2）更换主板 3）更换伺服放大器
12. 轴控制卡的初始化	LEDG1 LEDG2 LEDG3 LEDG4	1）更换轴控制卡 2）更换主板 3）更换伺服放大器
13. 校准结束	LEDG1 LEDG 2 LEDG	1）更换轴控制卡 2）更换主板 3）更换伺服放大器
14. 伺服系统开始通电	LEDG1 LEDG2 LEDG3 LEDG4	更换主板

（续）

步　骤	LED 显示	对　策
15. 执行程序	LEDG1 LEDG2 LEDG3 LEDG4	1）更换主板 2）更换处理 I/O 板
16. DI/DO 输出开始	LEDG1 LEDG2 LEDG3 LEDG4	更换主板

在更换主板、FROM/SRAM 模块时，会导致存储器内容（参数、示教数据等）丢失，务必在进行更换作业之前备份好数据。此外，在发生报警的情况下，可能会导致无法进行数据备份，因此，平时要注意数据备份。

RLED1 红色灯故障及处理见表 8-6。

表 8-6

LED 的名字	故 障 含 义	对　策
RLED1（红色）	CPU 卡尚未动作	更换 CPU 卡

2）基于 7 段 LED 的故障及排除。见表 8-7。

表 8-7

LED 显示	故 障 含 义	对　策
0.	发生了安装在主板的 CPU 上的 DRAM 的奇偶性报警	1）更换 CPU 卡 2）更换主板
1.	发生了安装在主板的 FROM/SRAM 模块上的 SRAM 的奇偶性报警	1）更换 FROM/SRAM 模块 2）更换主板
2.	在通信控制装置中发生了总线错误	更换主板
3.	发生了由通信控制装置控制的 DRAM 的奇偶性报警	更换主板
5.	发生了主板上的伺服报警	1）更换轴控制卡 2）更换主板 3）使用可选板时，更换可选板
6.	发生了系统急停	1）更换轴控制卡 2）更换 CPU 卡 3）更换主板
7.	发生了系统错误	1）更换轴控制卡 2）更换 CPU 卡 3）更换主板 4）使用可选板时，更换可选板
.	已向主板供给 5V 电源，尚未发生上述报警的状态	

在更换主板、FROM/SRAM 模块时，会导致存储器内容（参数、示教数据等）丢失，务必在进行更换作业之前备份好数据。此外，在发生报警的情况下，可能会导致无法进行数据备份，因此，平时要注意数据备份。

（2）6 轴伺服放大器 LED 故障及处理　6 轴伺服放大器上备有报警显示用 LED，如图 8-7 所示。参阅显示在示教器上的报警，采取针对 LED 的显示故障对策。

注意：在触摸 6 轴伺服放大器之前，通过位于 LED“V4”右侧的螺钉确认 DC 电压。利用 DC 电压测试器确认电压在 50V 以下。

6 轴伺服放大器 LED 故障及处理见表 8-8。

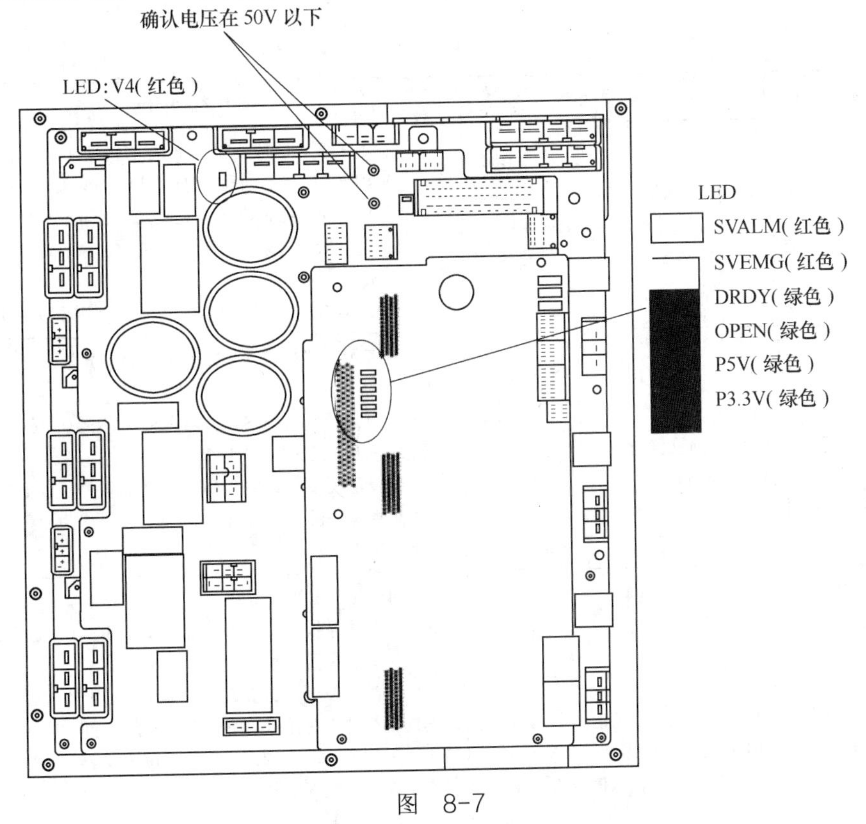

图 8-7

表 8-8

LED	颜色	含义	故障现象及对策
V4	红色	当 6 轴伺服放大器内部的 DC 电路被充电而有电压时，LED 亮	LED 在预先充电结束后不亮时 1）由于 DC 电路形成短路。确认连接 2）由于充电电流控制电阻的不良所致。更换急停单元 3）更换 6 轴伺服放大器
SVALM	红色	6 轴伺服放大器检测出报警时亮	LED 在没有处在报警状态下亮，或处在报警状态下而不亮时，更换 6 轴伺服放大器
SVEMG	红色	当急停信号输入 6 轴伺服放大器时，LED 亮	LED 在没有处在急停状态下亮，或处在急停状态下而不亮时，更换 6 轴伺服放大器
DRDY	绿色	当 6 轴伺服放大器能够驱动伺服电动机时，LED 亮	处在励磁状态下不亮时，更换 6 轴伺服放大器
OPEN	绿色	当 6 轴伺服放大器和主板之间的通信正常进行时，LED 亮	LED 不亮时 1）确认 FSSB 光缆的连接情况 2）更换伺服卡 3）更换 6 轴伺服放大器
P5V	绿色	当 +5V 电压从 6 轴伺服放大器内部的电源电路正常输出时，LED 亮	LED 不亮时 1）检查机器人连接电缆（RP1），确认 +5V 是否有接地故障 2）更换 6 轴伺服放大器
P3.3V	绿色	当 +3.3V 电压从 6 轴伺服放大器内部的电源电路正常输出时，LED 亮	LED 不亮时，更换 6 轴伺服放大器

（3）急停板 LED 故障及处理　见图 8-3 和表 8-9。

表　8-9

LED	颜　色	故障原因	对　策
24EXT	红色	LED（红色）亮时，说明熔丝（FUSE2）已经熔断。没有供给急停回路的 24EXT	1）在没有熔丝断线而显示报警的情况下，确认 TBOP19 的 EXT24V 和 EXT0V 的电压。没有使用外部电源时，确认 EXT24V 和 INT24V 之间或者 EXT0V 和 INT0V 之间的连接 2）确认 24EXT（急停电路）没有发生短路或接地故障 3）更换急停板 4）检查示教器上是否有异常，如有需要则予以更换
24T	红色	LED（红色）亮时，说明熔丝（FUSE3）已经熔断。没有供给示教器的 24T	1）检查示教器电缆（CRS36）是否有异常，如有需要则予以更换 2）检查急停板（CRS40）与主板（CRS40）之间的电缆是否有异常，如有需要则予以更换 3）检查示教器上是否有异常，如有需要则予以更换 4）更换急停板 5）更换主板
24V2	红色	LED（红色）亮时，说明熔丝（FUSE4）已经熔断。没有供给急停板要因系统的输入信号的 24V-2	1）确认 TBOP20 的连接 2）检查急停板（CRS40）与主板（CRS40）之间的电缆是否有异常，如有需要则予以更换 3）检查急停板（CRMA92）和 6 轴伺服放大器（CRMA91）之间的电缆是否有异常，如有需要则予以更换 4）急停板（CRMB22）和 6 轴伺服放大器（CRMB16）之间连接有电缆时，检查电缆是否有异常，如有需要则予以更换 5）更换急停板 6）更换急停单元 7）更换主板 8）更换 6 轴伺服放大器
24V3	红色	LED（红色）亮时，说明熔丝（FUSE5）已经熔断。没有供应主板的 24V-3	1）检查急停板（CRS40）与主板（CRS40）之间的电缆是否有异常，如有需要则予以更换 2）检查急停板（CRMA92）和 6 轴伺服放大器（CRMA91）之间的电缆是否有异常，如有需要则予以更换 3）更换后面板 4）更换主板 5）更换急停板 6）更换 6 轴伺服放大器
SVON1/SVON2	绿色	LED（绿色）表示从主板向 6 轴伺服放大器的 SVON1/SVON2 信号的状态	SVON1/SVON2（绿色）亮时，6 轴伺服放大器处于可通电的状态。SVON1/SVON2（绿色）尚未亮时，处于急停状态

在更换主板时，会导致存储器内容（参数、示教数据等）丢失，务必在进行更换作业之前备份好数据。

此外，在发生报警的情况下，可能会导致无法进行数据备份，因此，平时要注意数据备份。

（4）I/O 印制电路板的报警 LED 故障及处理　如图 8-4、图 8-5 和表 8-10 所示。

表　8-10

LED	颜　色	故障原因	对　策
ALM1	红色	在主板和处理 I/O 板之间的通信中发生报警	1）更换处理 I/O 板 2）更换 I/O 电路连接电缆 3）更换主板
FALM	红色	处理 I/O 板上的熔丝已经熔断	1）更换处理 I/O 板上的熔丝 2）检查处理 I/O 板上所连接的电缆、外围设备，如有异常则予以更换 3）更换处理 I/O 板

3. 不能手动操作常见问题及处理

下面介绍在接通设定装置的电源后，机器人在手动操作下不会动作时的检查方法和处置。

（1）不能进行手动操作时的检查方法和处置　见表 8-11。

表　8-11

序　号	检　查	处　置
1	示教器是否处在“ON”	将示教器置于“ON”
2	示教器的操作方法是否有误	在以手动操作移动轴时，同时按下轴选择键和“SHIFT”键 将手动进给的倍率设定为“FINE”（低速）或“VFINE”（微速）以外项
3	检查外围设备控制接口的 ENBL 信号处在“1”	将外围设备控制接口置于 ENBL 状态
4	外围设备控制接口的 HOLD（保持）信号是否处在 ON 状态（HOLD 状态）（示教器的 HOLD 指示灯是否已经亮）	将外围设备控制接口的 HOLD 信号置于 OFF 状态
5	之前的手动操作是否已经完成	由于速度指令电压的偏置，在到位之前上一个动作还没有完时，在状态画面检查位置偏差量，并改变设定等
6	控制装置是否已经处在报警状态	解除报警状态

（2）不能执行程序时的检查方法和处置　见表 8-12。

表　8-12

序　号	检　查	处　置
1	检查外围设备控制接口的 ENBL 信号处在“1”	将外围设备控制接口置于 ENBL 状态
2	外围设备控制接口的 HOLD 信号是否处在 ON 状态（HOLD 状态）（示教器的 HOLD 指示灯是否已经亮）	将外围设备控制接口的 HOLD 信号置于 OFF 状态
3	之前的手动操作是否已经完成	由于速度指令电压的偏置，在到位之前上一个动作还没有完时，在状态画面检查位置偏差量，并改变设定等
4	控制装置是否已经处在报警状态	解除报警状态

4. I/O Link i 对应单元中的 LED 常见问题及处理

I/O Link i 中，作为标准规格每个单元都安装有 3 种 LED，即“LINK”（绿色）、“ALM”（红色）、“FUSE”（红色）。可以根据这些 LED 的状态弄清单元的状态。表 8-13 示出 LED 的点亮状态及其显示内容。

表 8-13

LED 的点亮状态	点亮时间以及熄灭时间
熄灭	—
亮	—
闪烁（1:1）	点亮约 0.5s　熄灭约 0.5s
闪烁（3:1）	点亮约 1.5s　熄灭约 0.5s
闪烁（1:3）	点亮约 0.5s　熄灭约 1.5s
闪烁（高速 1:1）	点亮约 0.25s　熄灭约 0.25s

LED“LINK”（绿色）表示单元的通信状态。表 8-14 示出其 LED 各状态的显示内容。

表 8-14

单元模块	LED 的状态	显示内容	故障位置和处理办法
共同	熄灭	电源 OFF	—
	点亮	电源 ON（通信开始前状态）	—
	闪烁（高速 1:1）	通信停止状态	因报警而通信停止的状态。根据表 8-15 红色 LED 的状态或者 CNC 的画面显示确定原因
I/O Link	闪烁（1:3）	通信状态	—
I/O Link i	闪烁（1:1）	通信状态	—
	闪烁（3:1）	通信状态（使用双检安全）	—

LED“ALM”（红色）表示在单元或者其后级的单元发生的报警。表 8-15 示出 LED 各状态的显示内容。

表 8-15

单元模块	LED 的状态	显示内容	故障原因和处理办法
共同	熄灭	正常状态或者电源 OFF	
I/O Link	点亮	发生报警	由于硬件不良所致。更换单元
I/O Link i	点亮	发生报警	由于硬件不良所致。更换单元
	闪烁（1:1）	在与后级的单元之间发生断线	根据本单元的 JD1A，确认是否有连接后级单元的 JD1B 之间的电缆不良或者连接不良。此外，有可能已发生噪声。确认周围是否已发生噪声
	闪烁（3:1）	在后级单元发生包含瞬断的电源异常	确定并排除后级单元内的电源异常原因
	闪烁（1:3）	发生状态报警	发生了 DO 接地故障等的状态报警。确定并排除 DO 接地故障等原因

项目测试

1. 掌握熔丝出现常见故障的原因并能够解决该故障。
2. 对各种常见的 LED 故障问题有较为熟悉的了解并具有一定解决问题的能力。
3. 知道不能手动操作的原因。

项目 9

单元更换

项目描述

本项目主要介绍控制器中各个单元在损坏时的更换与安装方法，需掌握印制电路板、急停单元、电源单元等单元的更换方法。

项目过程

1. 印制电路板的更换

（1）后面板的更换　针对每一个塑料壳体，更换后面板。

1）拧下固定着壳体的螺钉（2 个），如图 9-1 所示。

2）一边拆除栓锁在壳体上部两侧的机座金属板上的卡爪，一边拉出壳体（图 9-1）。可以在壳体上安装有后面板、风扇、电池的状态下拉出。

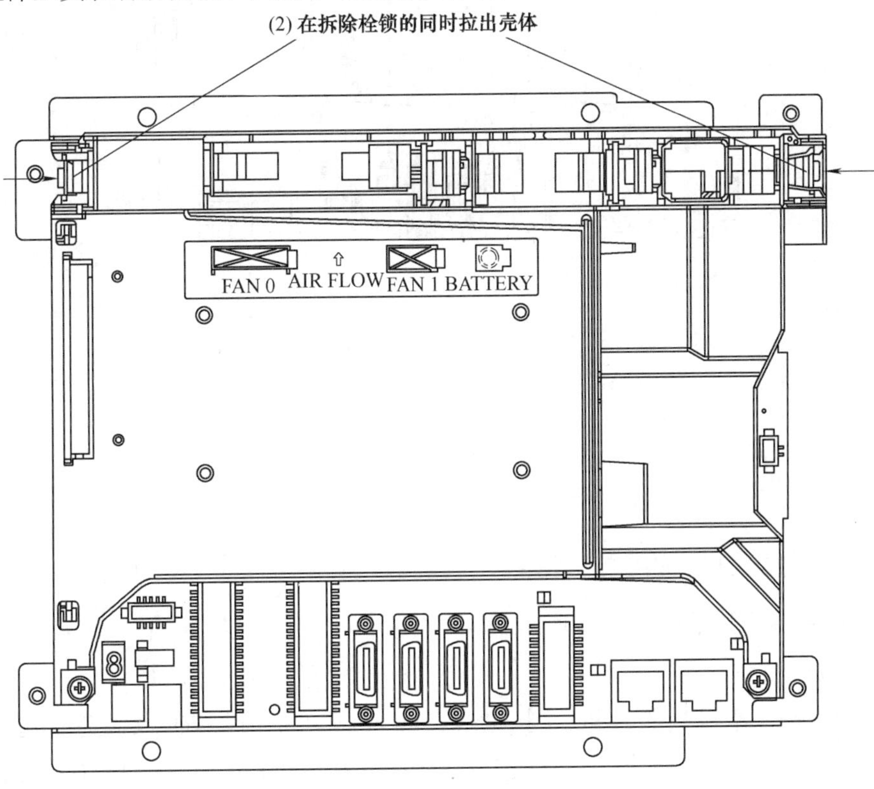

(1) 拧下螺钉 (2 个)

图 9-1

3）更换后面板单元。

4）对准壳体的螺钉以及栓锁的位置，慢慢嵌入。安装壳体后，壳体上所附带的后面板就可在主板和连接器相互之间接合起来。在确认连接器的接合的同时，注意避免施加过猛的外力。

5）确认壳体的栓锁已切实锁住后，拧紧壳体的螺钉（2 个）。轻轻推压风扇和电池，确认接合牢固（已拆除可选板的电缆的情况下，重新安装电缆）。

（2）主板的更换

1）拆除壳体。

2）从主板上的连接器上拆除电缆，拧下固定着主板的螺钉（3 个）。主板与风扇板通过连接器 CA132 直接连接，将主板向下错开地拆除主板，如图 9-2 所示。

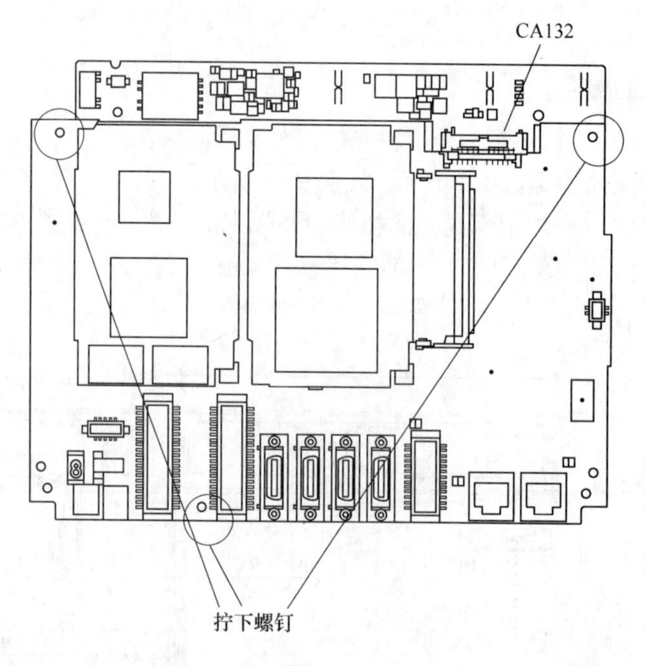

图 9-2

3）更换主板。

4）安装壳体。

2. 主板上的卡及模块的更换

（1）卡的拆除方法　如图 9-3 所示。

1）提起垫片配件。

2）将手指插入卡基板的背面一侧，按照图 9-4 所示的箭头方向慢慢地提起。注意：此时，应尽可能使用另外一只手支撑住相反一侧的主板附近。拔出时需要 70 ～ 80N 的力，所以在拔出时要注意避免卡基板随之落下。

3）慢慢地提起，提起卡基板的一边使其倾斜，不要在此状态下就将其拔出，而要轻轻地推回已被提起的盖板部分，如图 9-4 所示。

4）等到卡基板与主板几乎恢复平行后，用手指夹住卡基板的两边并向上提起，即可将其完全拔出。

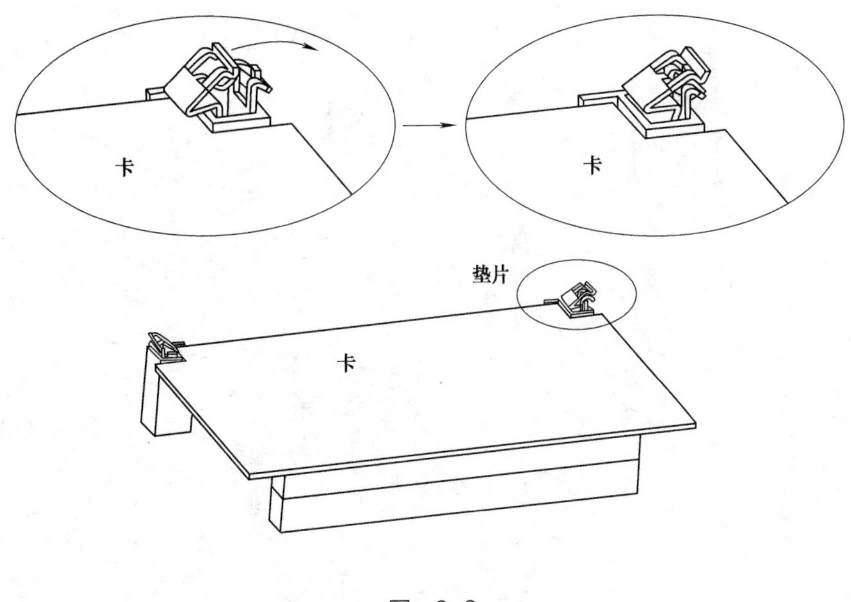

图　9-3

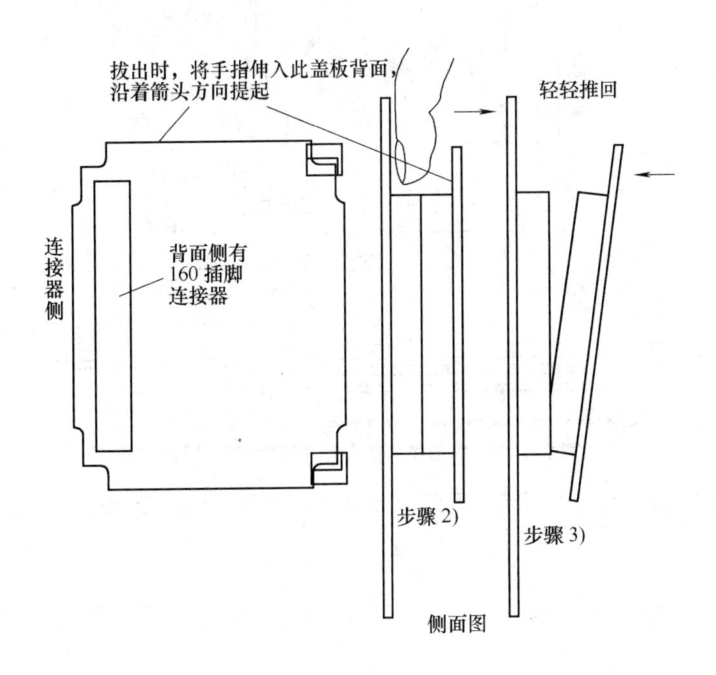

图　9-4

（2）卡的安装方法

1）确认垫片配件已经被提起，如图 9-5 所示。

2）为对准卡基板的安装位置，如图 9-6 所示使垫片抵接于卡基板的垫片固定部端面上，对好位置。此时，基板只接触到垫片。

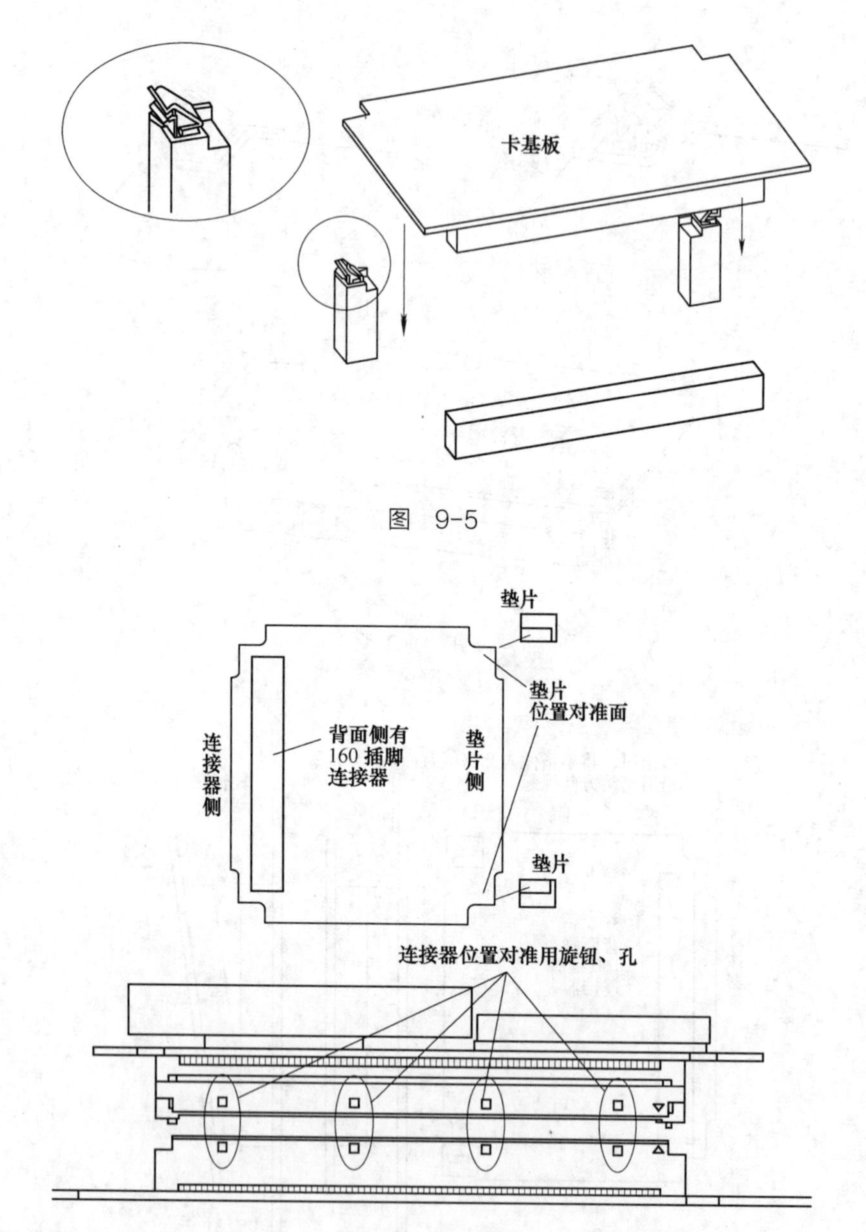

图 9-5

图 9-6

3）在使基板与垫片对准的状态下，慢慢地下调连接器一侧，使得连接器相互接触（在位置对齐之前请勿按压）。

4）在连接器上对齐定位用旋钮和孔之前，使得卡基板前后稍许挪动，就容易决定嵌合位置。从旁侧看基板的连接器。

5）慢慢地将卡基板的连接器一侧推进去。此时，应推压连接器背面一侧附近的基板。连接器的插入大约需要 100N 的力。若在超过这一力下仍然难以嵌合，位置偏离的可能性较大，这种情况下会导致连接器破损，应重新进行定位操作。使用标准 CPU 卡的情况下，切勿按压 CPU 和 LSI 等上所附的散热片，否则将导致其损坏。如图 9-7 所示。

6）将垫片配件推压进去后放下，如图 9-8 所示。

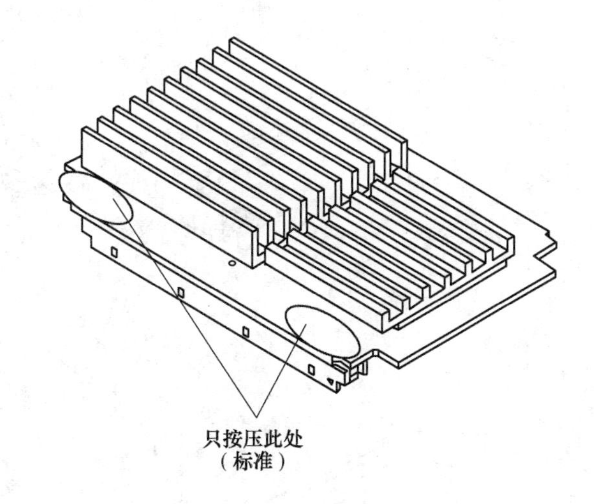

图 9-7

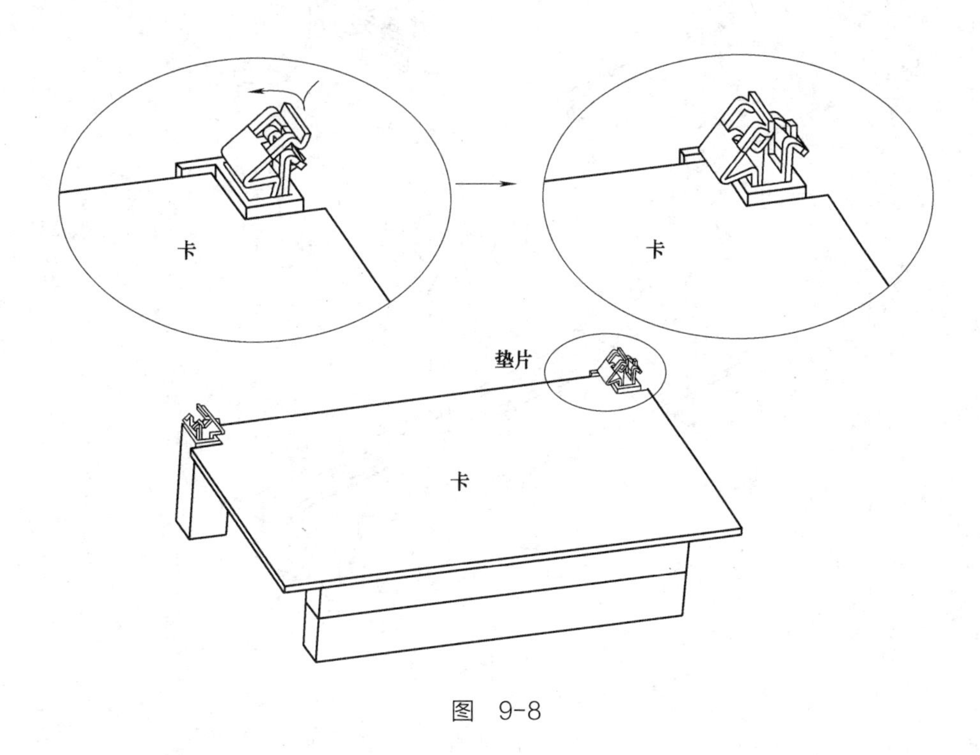

图 9-8

（3）模块的拆除方法　如图 9-9a 所示。

1）将插座的卡爪向外打开。

2）将模块提起到大约 30° 之后，朝着斜上方拉出。

（4）模块的安装方法

1）使 B 面朝上，将模块大约倾斜 30° 后插入模块插座，如图 9-9b 所示。

2）放倒模块，直到其锁紧为止，如图 9-9c 所示。

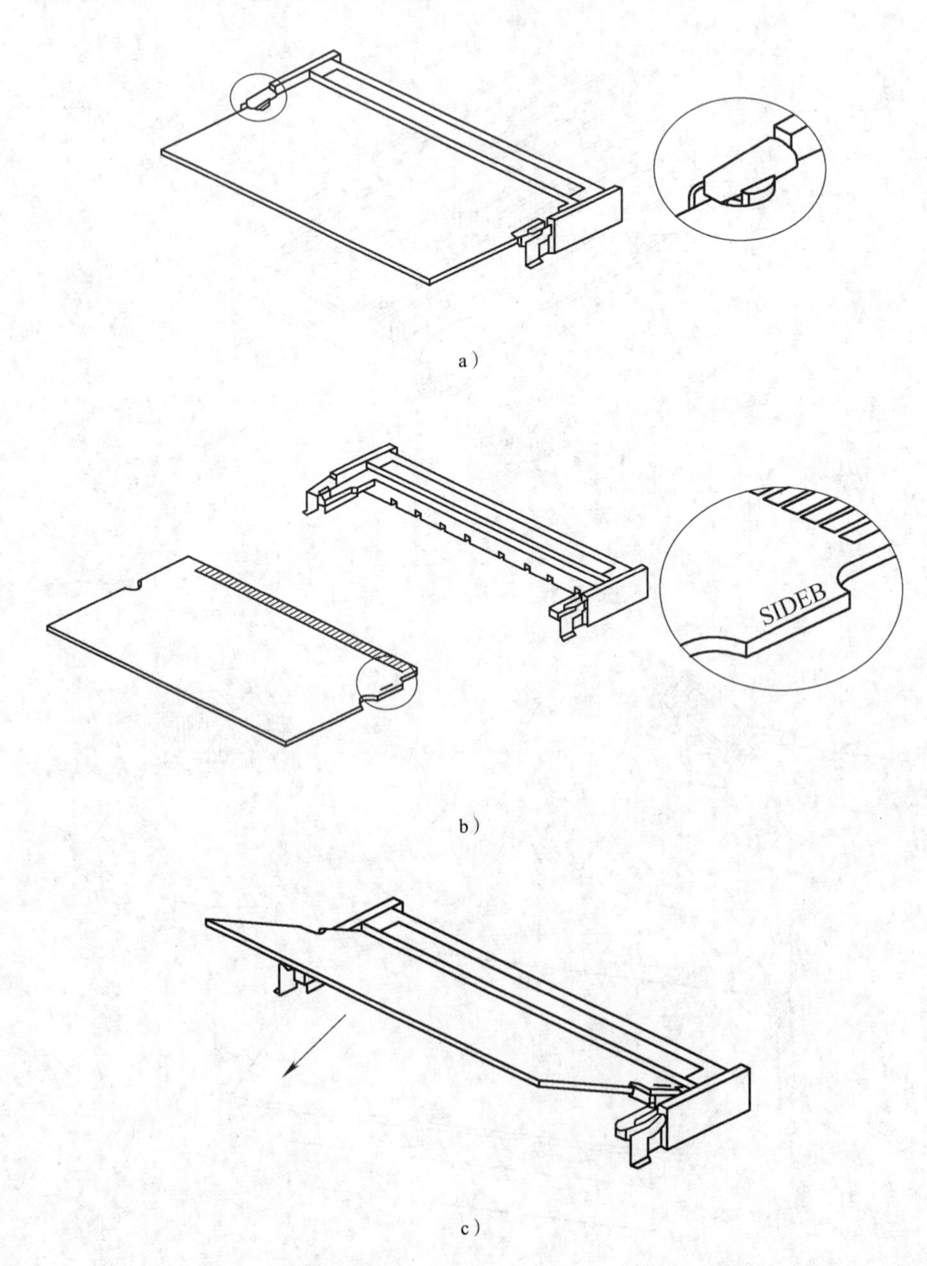

a）

b）

c）

图　9-9

图 9-10 中示出卡、模块的安装位置。

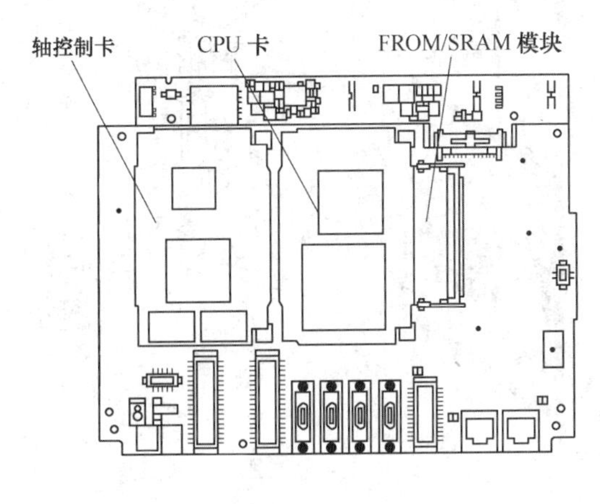

图　9-10

3. 急停单元的更换

1）拆下连接在急停单元上的电缆。

2）拆除固定着急停单元的螺钉（4 个（小型）、2 个（中大型）），更换急停单元，如图 9-11 所示。

3）按照原样装回拆除的电缆。

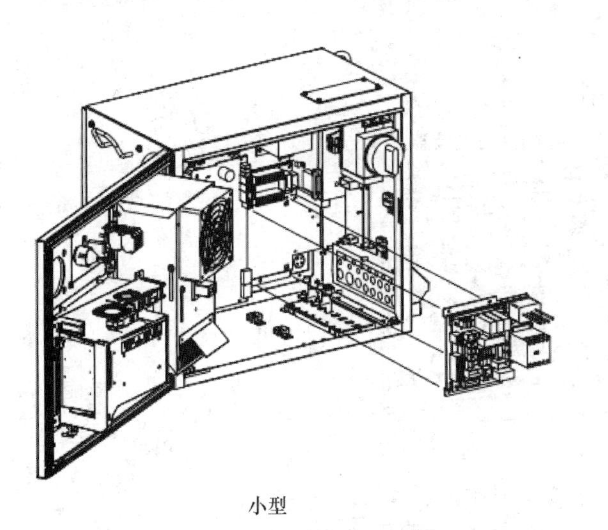

小型

中大型

图　9-11

4. 急停板的更换

1）拆除连接在急停板上的电缆。

2）拆除固定着基板的尼龙插销（4 个），更换急停板，如图 9-12 所示。

3）按照原样装回拆除的电缆。

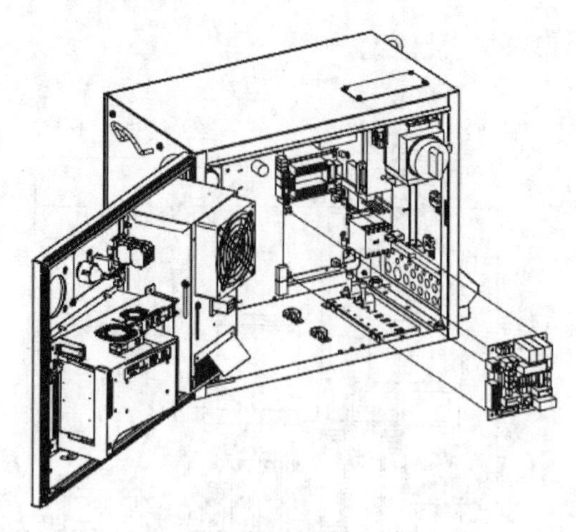

图 9-12

5. 电源单元的更换

1）拆除连接在电缆连接用连接器上的电缆。

2）拧下螺钉（2 个），拆除电源单元，如图 9-13 所示。

3）按照与上述步骤 1）～ 2）相反的步骤，安装将要更换上去的电源单元。

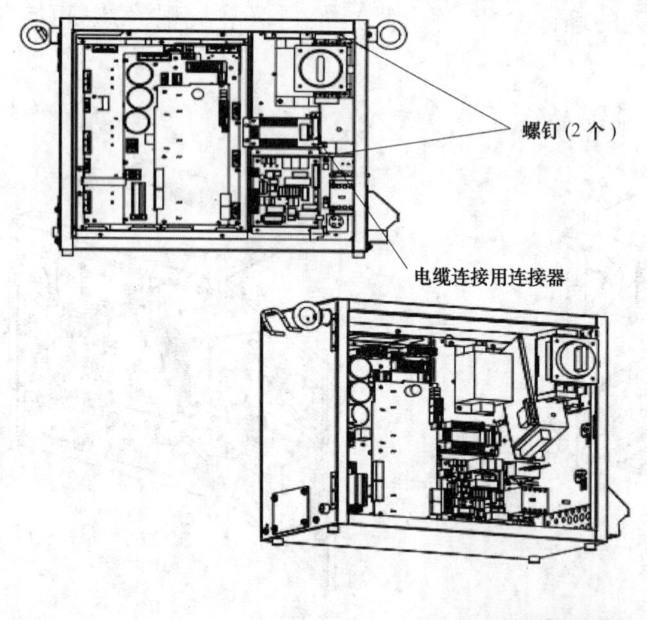

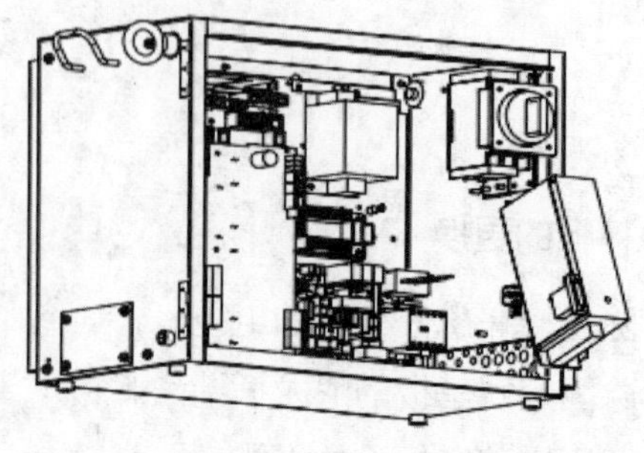

图 9-13

6. 再生电阻单元的更换

1）拧下固定着控制柜背面板的螺钉（4 个），拆除背面板，如图 9-14 所示。

2）拆除伺服放大器的连接器 CRR63 以及 CRR11。

3）拧下固定着再生电阻单元的螺钉（4 个），拆下再生电阻单元。

4）按照与上述步骤 1）～ 3）相反的步骤，安装将要更换上去的再生电阻。

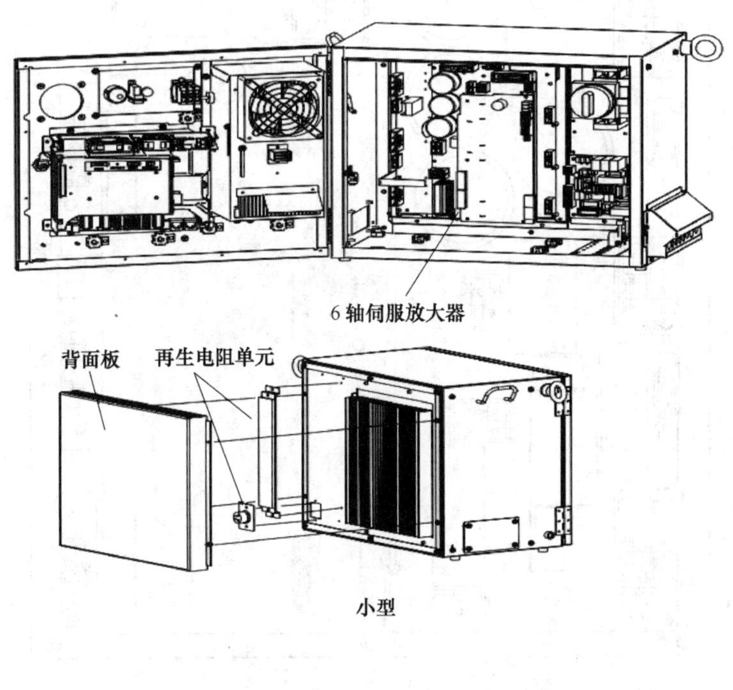

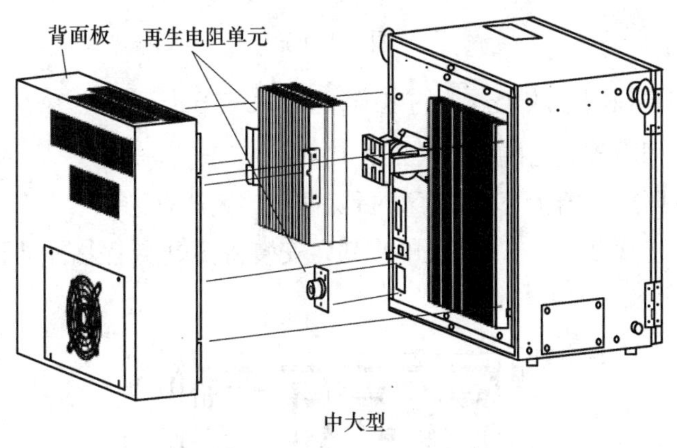

图 9-14

7. 6 轴伺服放大器的更换

1）以位于 LED“V4”上部的螺钉确认 DC 链路电压，如图 9-15 所示。

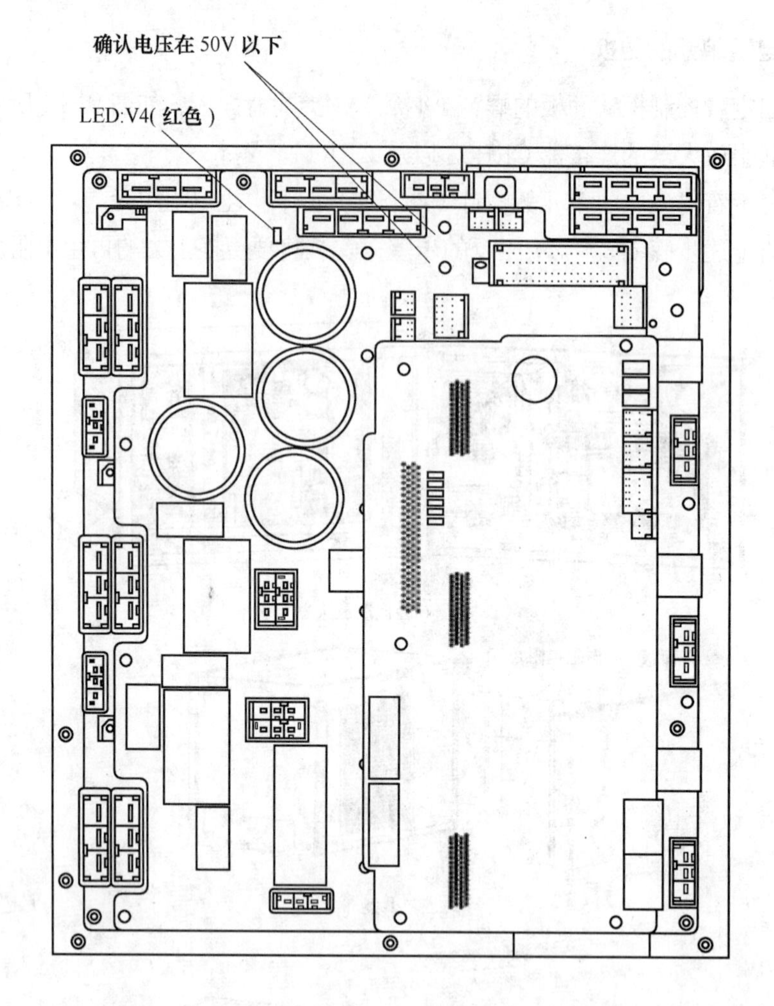

图 9-15

2）拆除连接在 6 轴伺服放大器上的电缆，如图 9-16 所示。

3）拧下固定着伺服放大器的螺钉（2 个）。

4）拿住位于伺服放大器上下的把手，拆除伺服放大器。

5）按照与上述步骤 2）～ 4）相反的步骤，安装将要更换上去的伺服放大器。

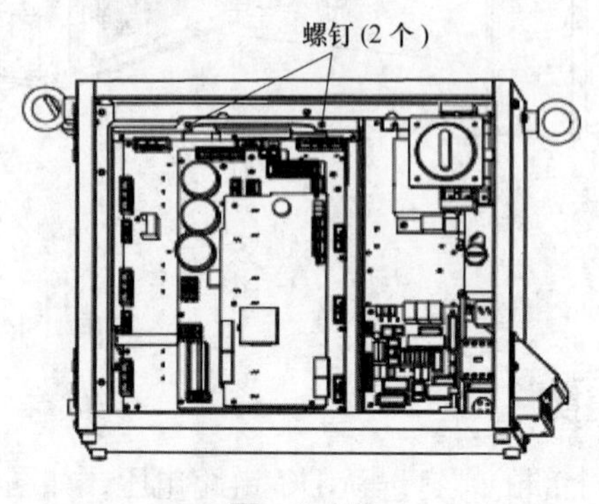

图 9-16

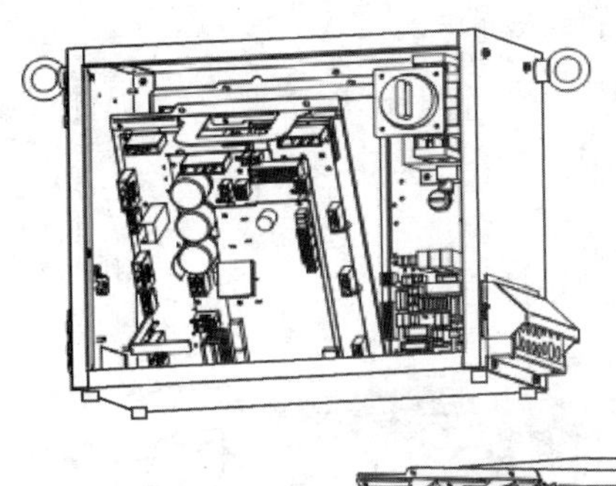

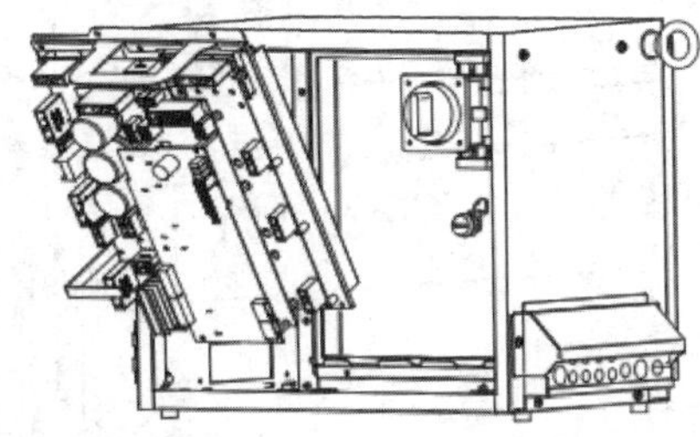

图　9-16（续）

8. 示教器的更换

示教器的规格根据用途而不同。应在确认好规格后予以更换。更换步骤如下：

1）确认机器人控制装置没有通电。

2）拆除示教器电缆。

3）更换示教器，如图 9-17 所示。

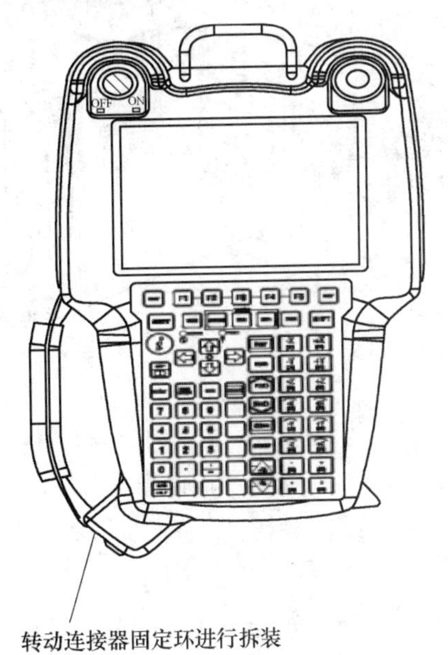

图　9-17

9. 控制器风扇电动机的更换

更换控制器风扇电动机无须工具即可更换。

1）确认工业机器人控制装置尚未通电。

2）拉出要进行更换的风扇电动机，如图 9-18 所示。抓住风扇单元的栓锁部分，一边拆除壳体内的卡爪，一边将其向跟前拉出。

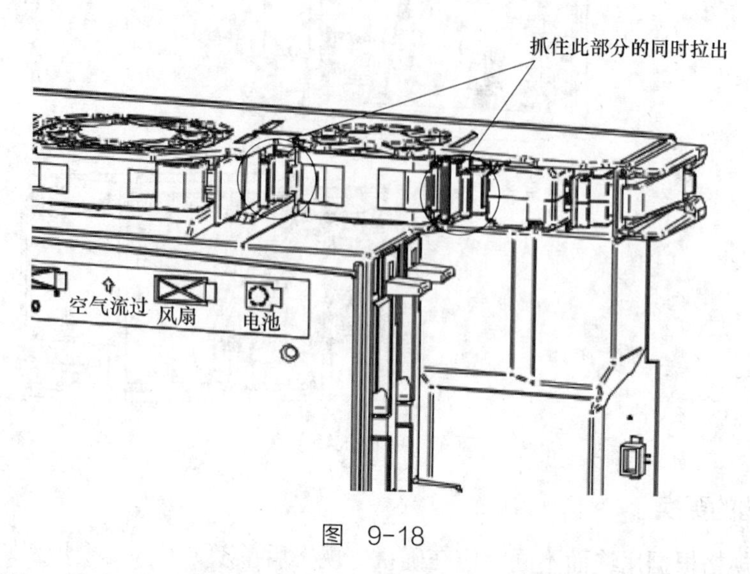

图 9-18

3）换上新的风扇单元，如图 9-19 所示（予以推压，直到风扇单元的卡爪进入壳体内）。

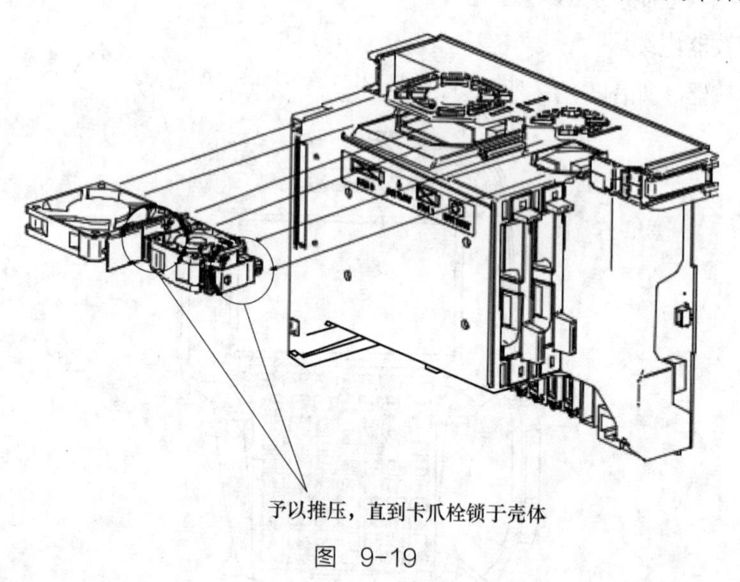

图 9-19

10. AC 风扇的更换

热交换器安装在柜门的内侧。在更换热交换器时，需要事先拆下柜门风扇单元，如图 9-20 所示。

（1）更换柜门风扇单元

1）拧下 M4 螺钉（4 个）。

2）拆下从热交换器引出的电缆。

3）按照与拆除时相反的步骤装配备用的风扇单元。此时，注意不要使电缆卷入风扇中。

（2）更换热交换器

1）拆下柜门风扇单元（参照上述（1）内容）。

2）打开控制柜的柜门，拆除柜门上所连接的电缆。

3）拧下固定用螺母（M5，4 个），拆下热交换器。

4）按照与上述相反的步骤安装热交换器。

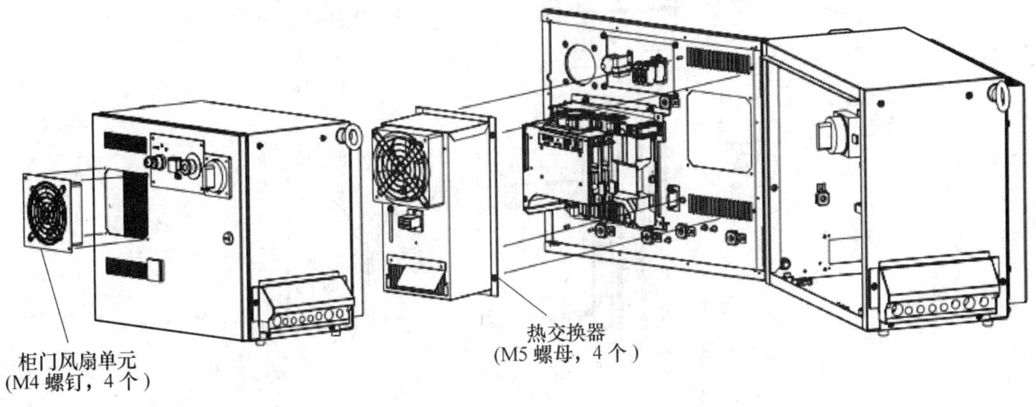

图　9-20

（3）更换背面风扇单元

1）拧下 M4 螺钉（4 个），如图 9-21 所示。

2）拉出风扇单元，并拆除布线连接器。

3）按照与上述相反的步骤安装预备的风扇单元。此时，注意不要使电缆卷入风扇中。

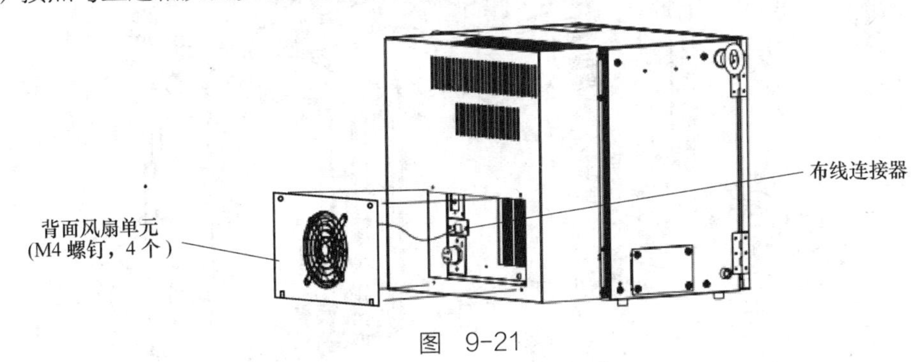

图　9-21

11. 电池的更换

更换电池的步骤如下：

1）准备好锂电池。

2）暂时接通机器人控制装置的电源 30s 以上。

3）断开机器人控制装置的电源。

4）拉出位于后面板单元右下的电池单元，如图 9-22 所示抓住电池单元的栓锁部分，一边拆除壳体内的卡爪，一边将其向跟前拉出。

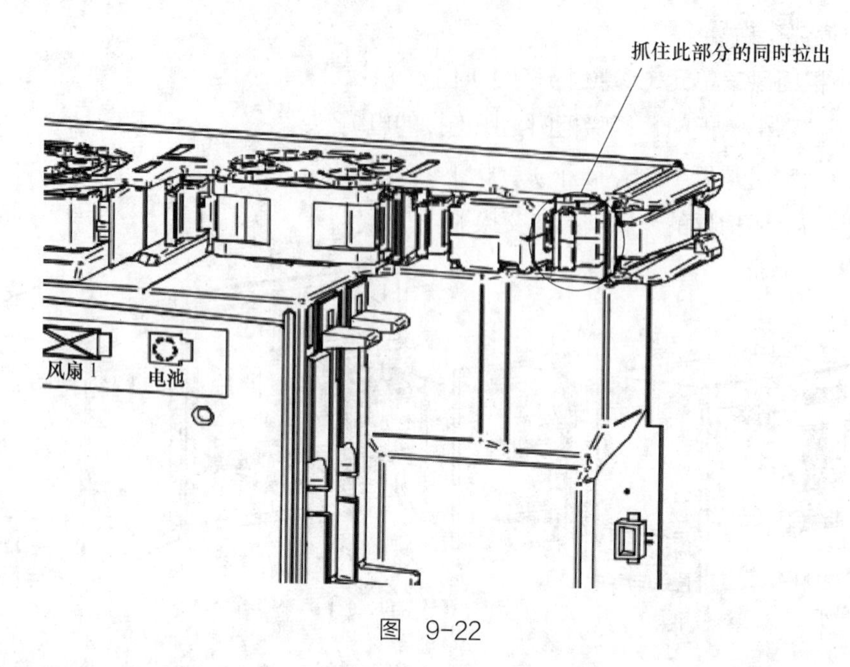

图 9-22

5）安装准备好的新电池单元，如图 9-23 所示。应予以推压，直到电池单元的卡爪进入壳体内，确认栓锁已经切实锁住。

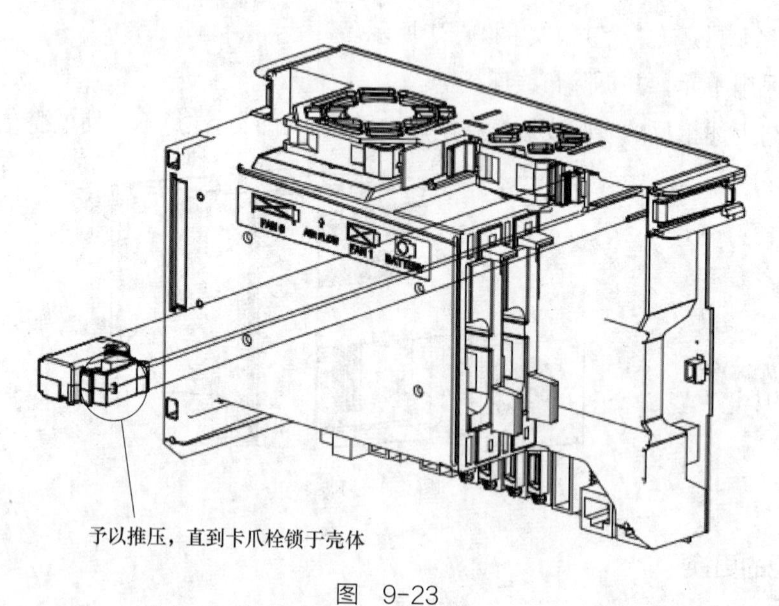

图 9-23

项目实施

按照拆装方法拆装各个单元，熟悉拆装方法与技巧。

项目10

线路连接1

项目描述

本项目主要介绍控制器中电气的连接和外部急停的连接，需掌握基本的电气连接方法与外部急停的连接，这在机器人的使用中非常重要。

项目过程

1. 电气连接方框图

图10-1所示为针对R-30iB Mate的电气接口的连接方框图。

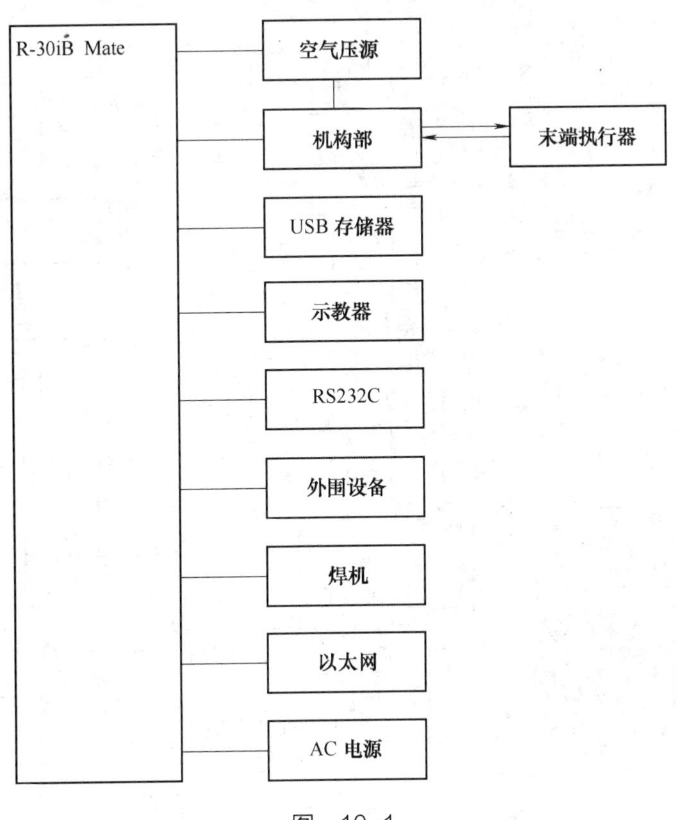

图 10-1

2. 连接外部急停

构建系统时，在连接外部急停信号和安全栅栏信号等安全信号的情况下，确认通过所有安全信号停止机器人，并注意避免错误连接，如图 10-2 所示。

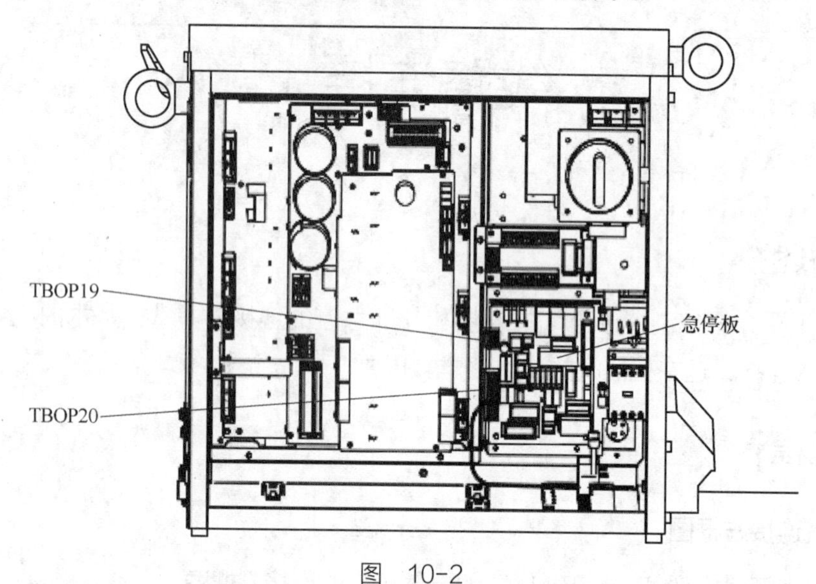

图 10-2

（1）外部急停输出　如图 10-3 所示。

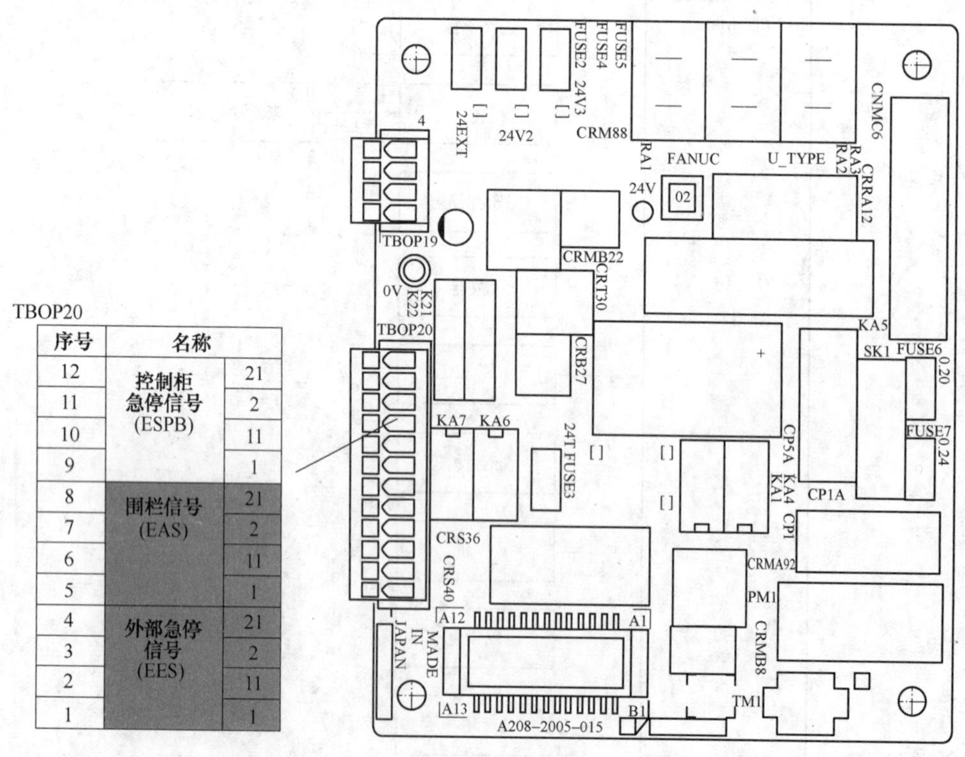

TBOP20

序号	名称	
12	控制柜急停信号(ESPB)	21
11		2
10		11
9		1
8	围栏信号(EAS)	21
7		2
6		11
5		1
4	外部急停信号(EES)	21
3		2
2		11
1		1

图 10-3

（2）机器间的连接　如图 10-4、图 10-5 所示。

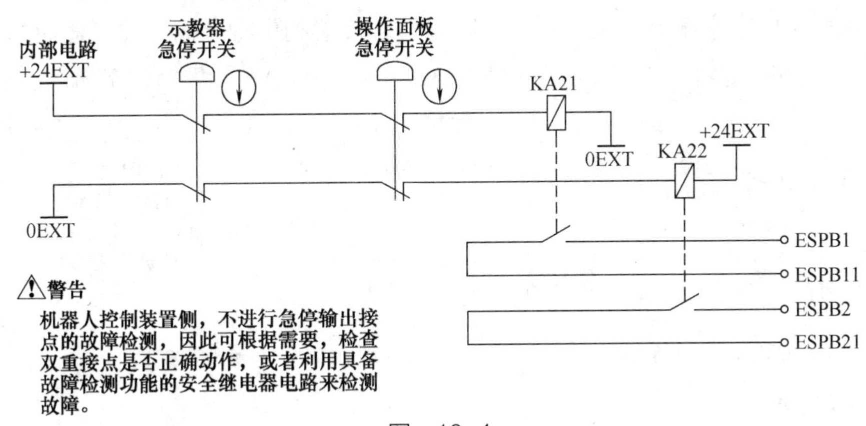

图　10-4

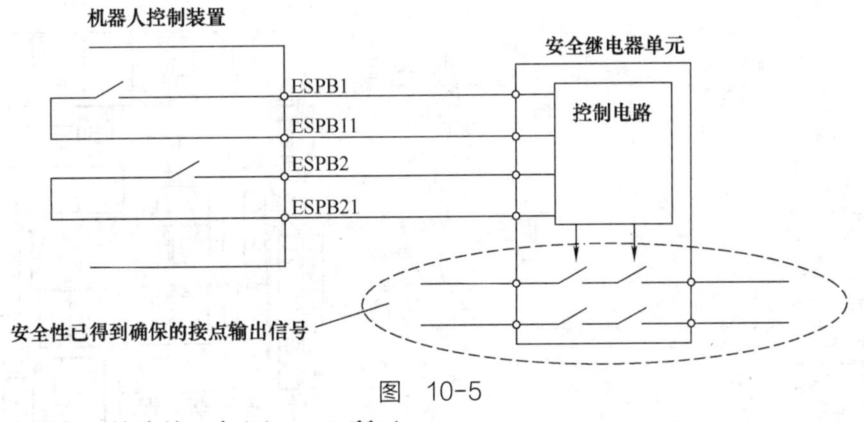

图　10-5

（3）外部电源的连接　如图 10-6 所示。

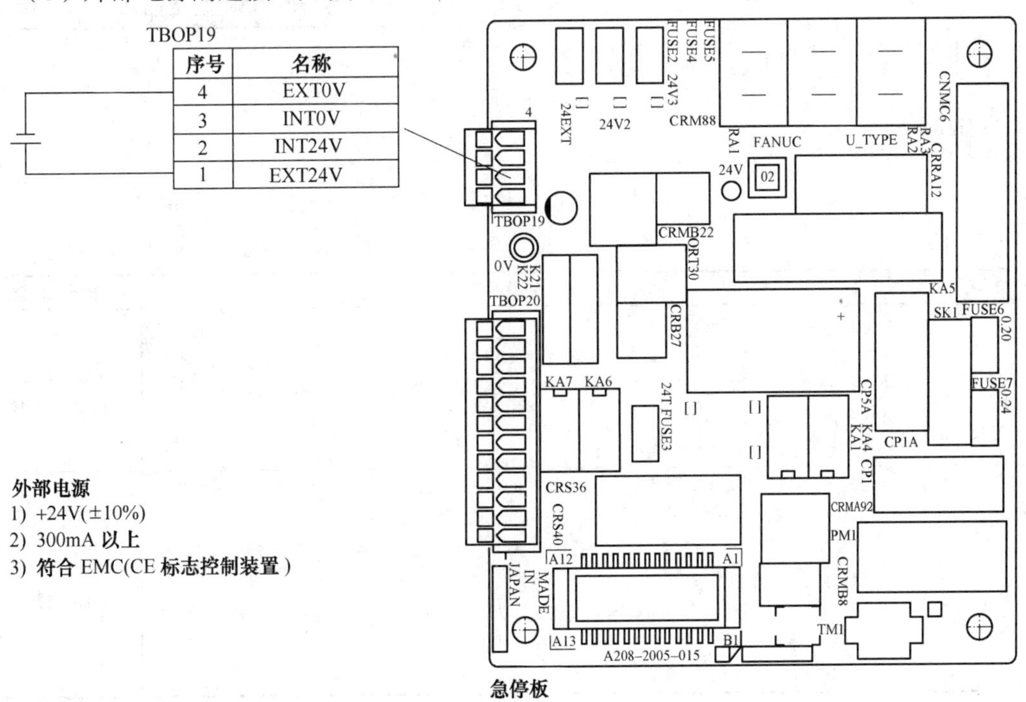

图　10-6

急停输入以及急停输出的继电器，可以与控制装置的电源分离。为了避免急停输出受到控制装置的电源的影响，应连接外部 +24V 而非内部 +24V，如图 10-7 所示。

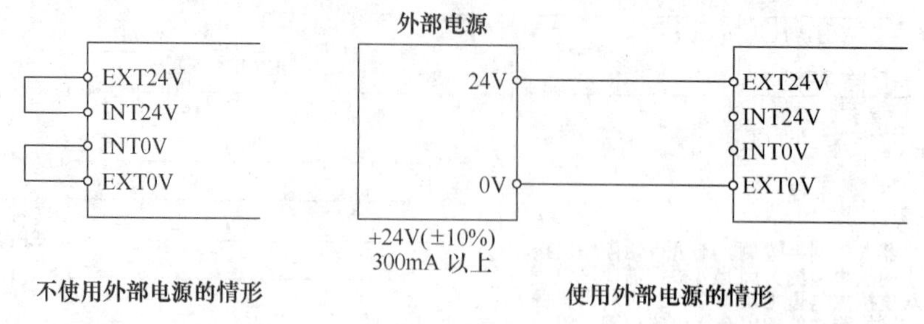

图 10-7

（4）外部急停输入　如图 10-8、表 10-1 所示。

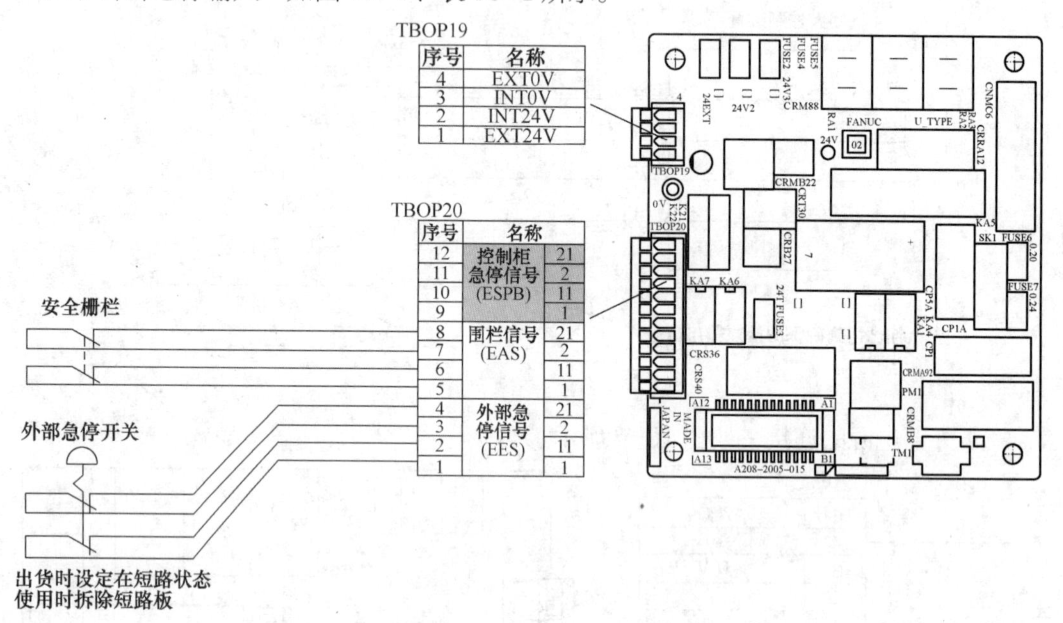

图 10-8

表 10-1

信号名称	信号的说明	电压、电流
EES1 ┐ EES11 ┘ EES2 ┐ EES21 ┘	将急停开关的接点连接到此端子上 接点开启时，机器人会按照事前设定的停止模式停止 不使用开关而使用继电器、接触器的接点时，为降低噪声，在继电器和接触器的线圈上安装火花抑制器 不使用这些信号时，安装跨接线	DC 24V 0.1A 的开闭
EAS1 ┐ EAS11 ┘ EAS2 ┐ EAS21 ┘	在选定 AUTO 模式的状态下打开了安全栅栏的门时，为使机器人安全停下而使用这些信号。AUTO 模式接点开启时，机器人会按照事前设定的停止模式停止 在 T1 或者 T2 模式下，通过正确保持安全开关，即使在安全栅栏的门已经打开的状态下，也可以进行机器人的操作 不使用开关而使用继电器、接触器的接点时，为降低噪声，在继电器和接触器的线圈上安装火花抑制器 不使用这些信号时，安装跨接线	DC 24V 0.1A 的开闭

注：“]”表示短接线。

（5）双重化后的安全信号输入时机　外部急停信号、安全栅栏信号、伺服关闭信号等已被设定为双重输入，如图 10-9 所示，以便发生单一故障时也会动作。这些双重输入信号，应按照图 10-10 双重化后的安全信号输入时机规定，始终在相同时机动作。机器人控制装置始终检查双重输入是否处在相同状态，若有不一致则发出报警。时机规定尚未得到满足的情况下，有时会发生因信号不一致而引发的报警。

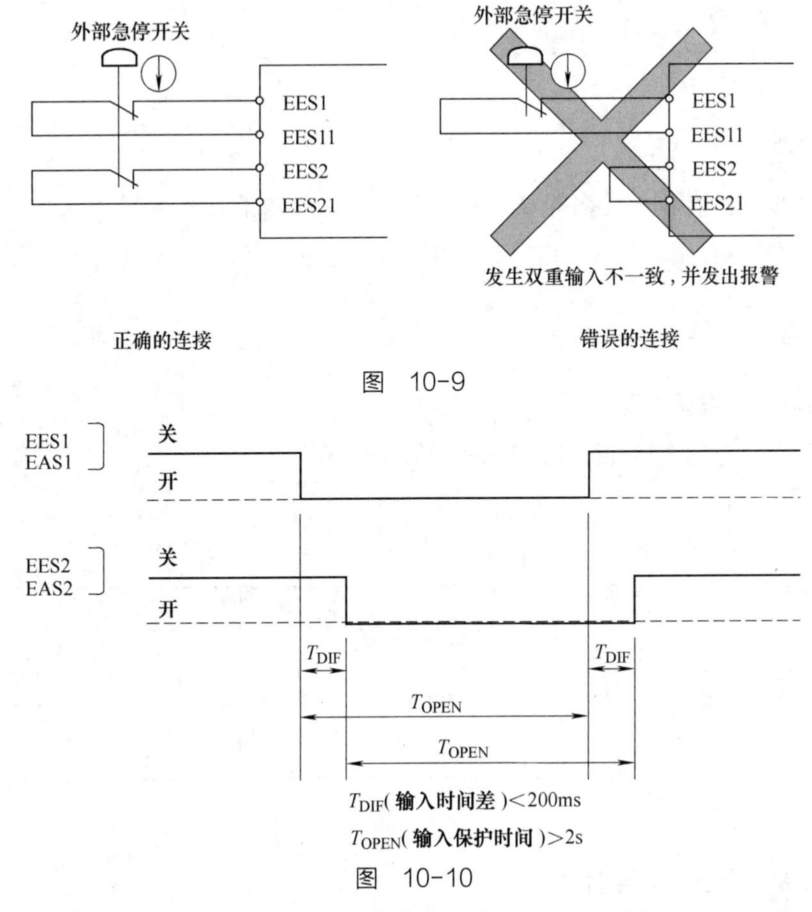

图　10-9

图　10-10

（6）外部急停输出、外部急停输入的连接线　如图 10-11 所示。

1）从配电盘上拆下插塞式连接器。

2）将一字形螺钉旋具插入操作开口，下按。

3）将连接线插进去。

4）拔出螺钉旋具。

5）将插塞式连接器安装到配电盘上。

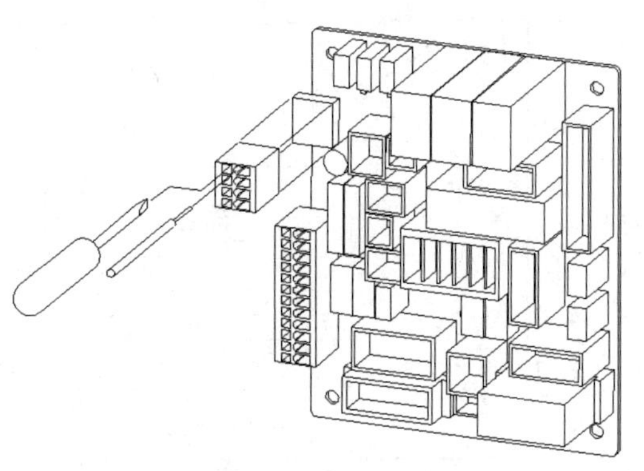

图　10-11

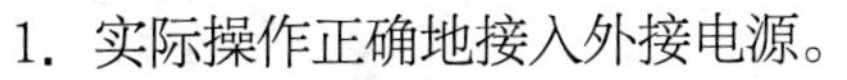

项目实施

1. 实际操作正确地接入外接电源。

2. 绘制外部急停接线图。

项目 11

线路连接 2

项目描述 

本项目主要介绍控制器中各个接口的功能与外围设备的接入方法，需掌握焊机接口、EE 接口、数字输入输出、连接电缆规格等相关知识。

项目过程 

1. 主板与外围设备的连接

主板与外围设备的连接如图 11-1 和表 11-1 所示。

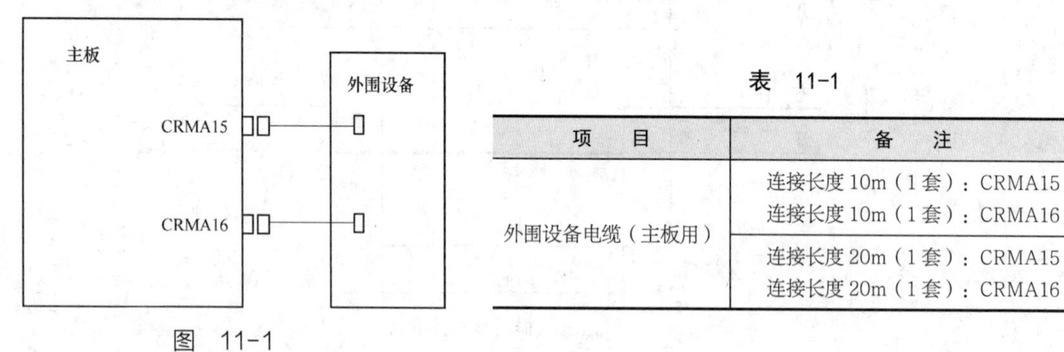

图　11-1

表　11-1

项　　目	备　　注
外围设备电缆（主板用）	连接长度 10m（1 套）：CRMA15 连接长度 10m（1 套）：CRMA16
	连接长度 20m（1 套）：CRMA15 连接长度 20m（1 套）：CRMA16

2. 焊机接口信息，信号指令

焊机接口信息如图 11-2 所示。信号指令如图 11-3 所示。

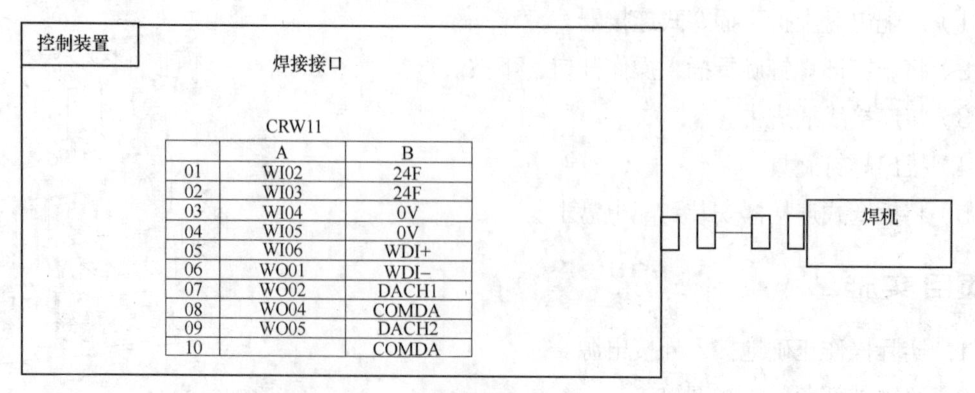

	A	B
01	WI02	24F
02	WI03	24F
03	WI04	0V
04	WI05	0V
05	WI06	WDI+
06	WO01	WDI-
07	WO02	DACH1
08	WO04	COMDA
09	WO05	DACH2
10		COMDA

图　11-2

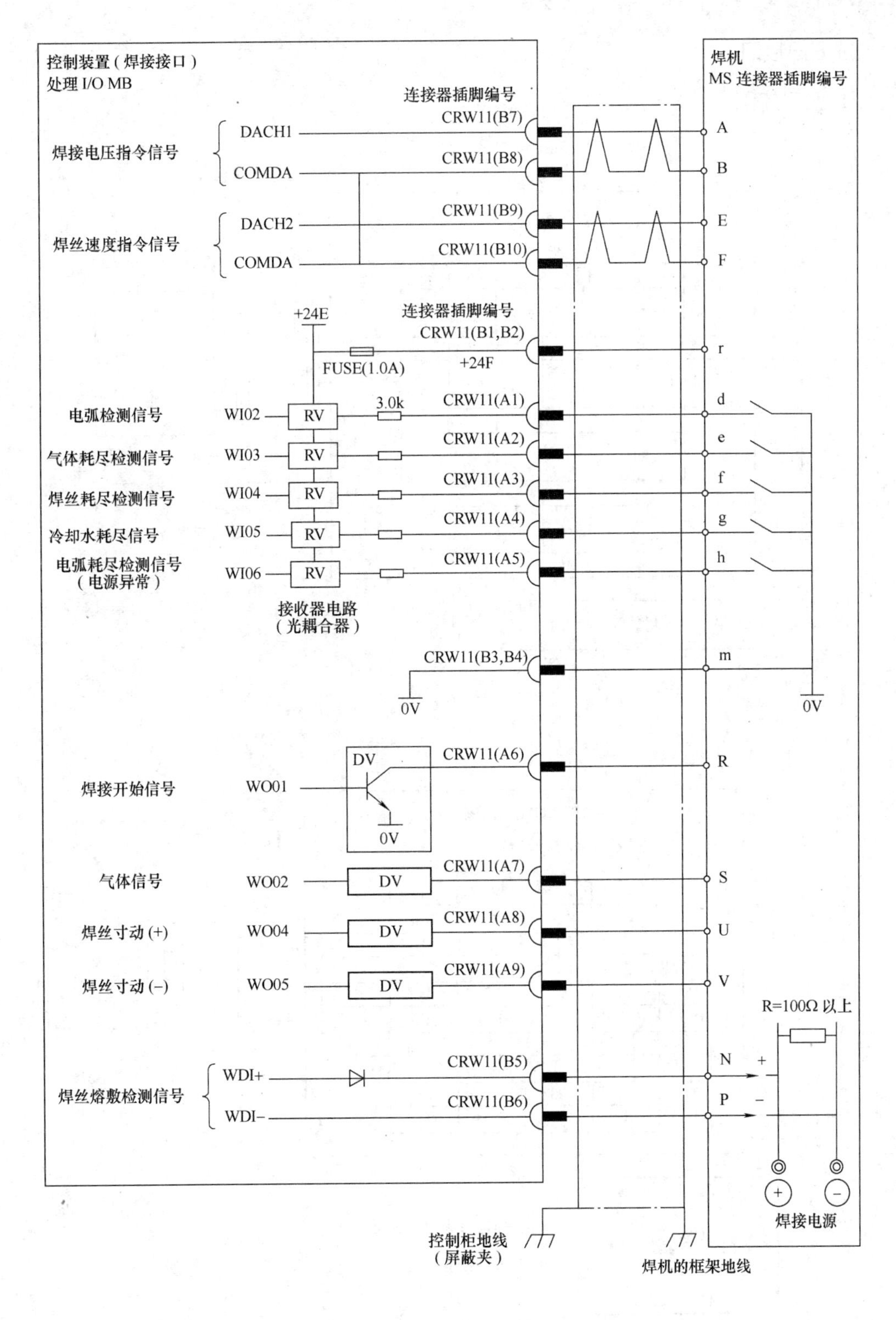

CRW11 连接器的焊机连接：FANUC 接口
（模拟输出、焊丝熔敷检测、WI/WO 的连接）

图　11-3

3. EE 接口

EE 接口如图 11-4 ~图 11-7 所示。

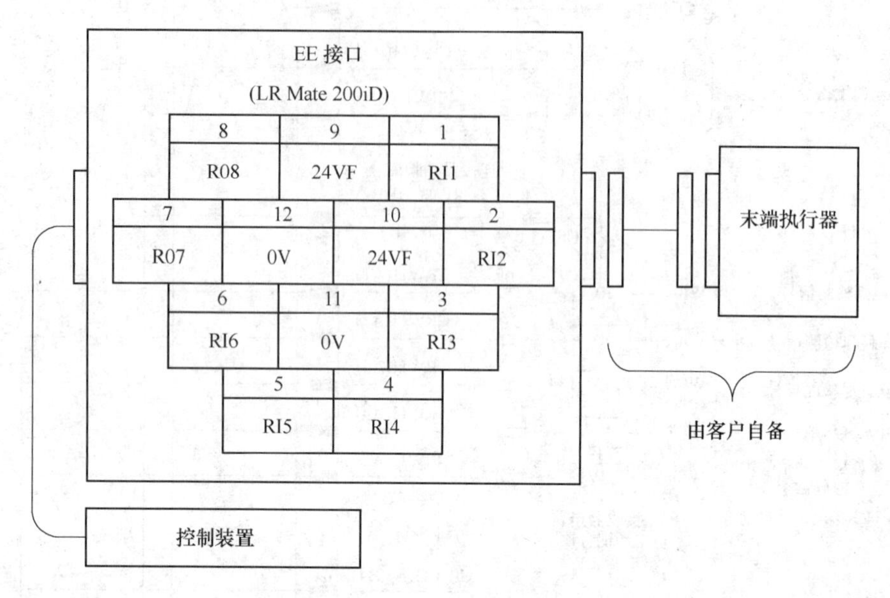

图 11-4

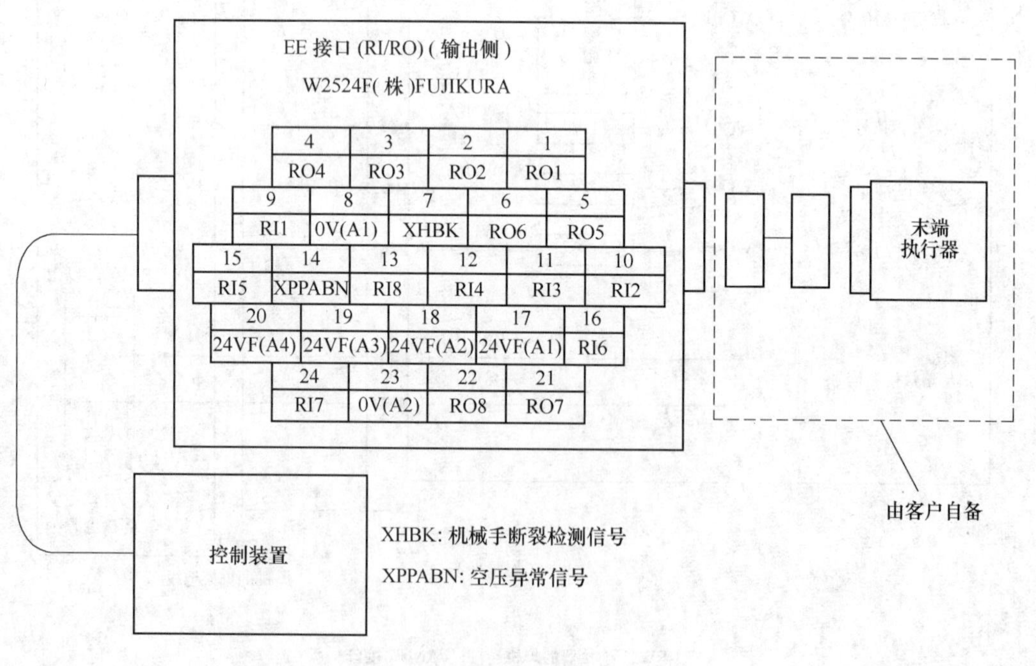

图 11-5

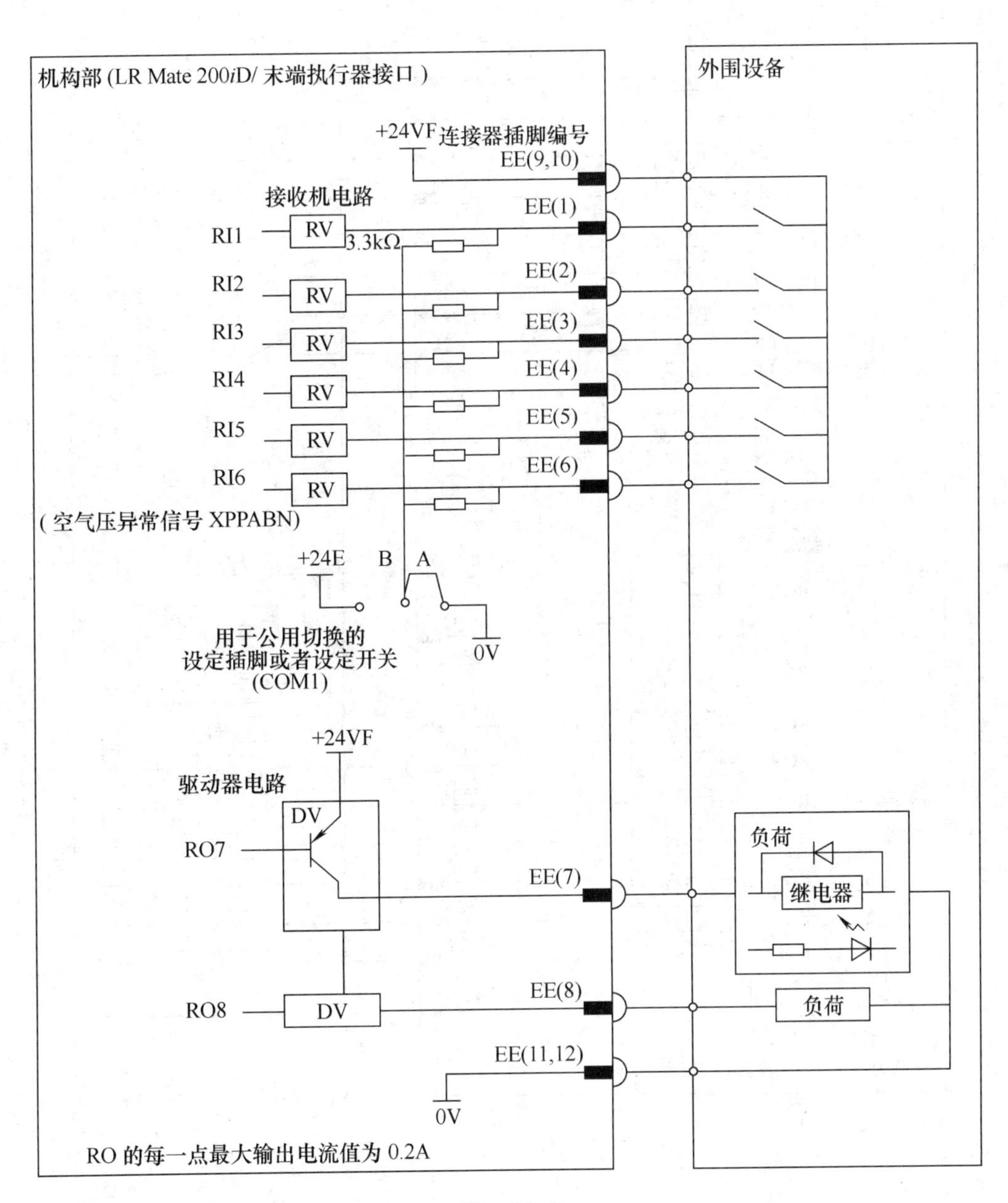
机构部 (LR Mate 200iD/ 末端执行器接口)
外围设备
+24VF
连接器插脚编号
EE(9,10)
接收机电路
EE(1)
RI1
RV
3.3kΩ
RI2
EE(2)
RI3
EE(3)
RI4
EE(4)
RI5
EE(5)
RI6
EE(6)
(空气压异常信号 XPPABN)
+24E
B
A
用于公用切换的
设定插脚或者设定开关
(COM1)
0V
+24VF
驱动器电路
DV
RO7
EE(7)
负荷
继电器
RO8
DV
EE(8)
负荷
EE(11,12)
0V
RO 的每一点最大输出电流值为 0.2A

图　11-6

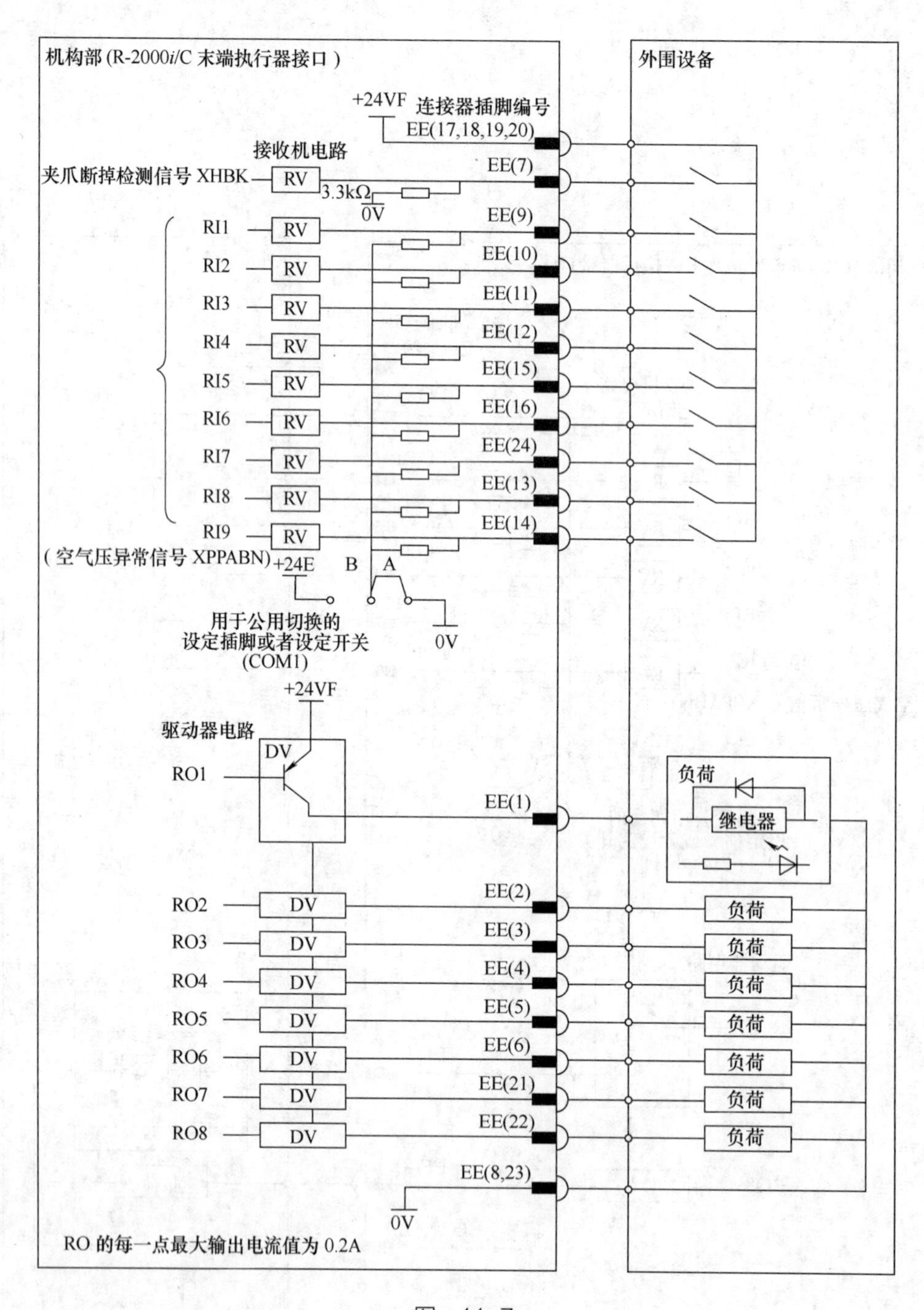

图 11-7

4. 数字输入输出信号规格

（1）外围设备接口

1）外围设备接口的输出信号规格（源点型信号输出）。

①连接例，如图 11-8 所示。

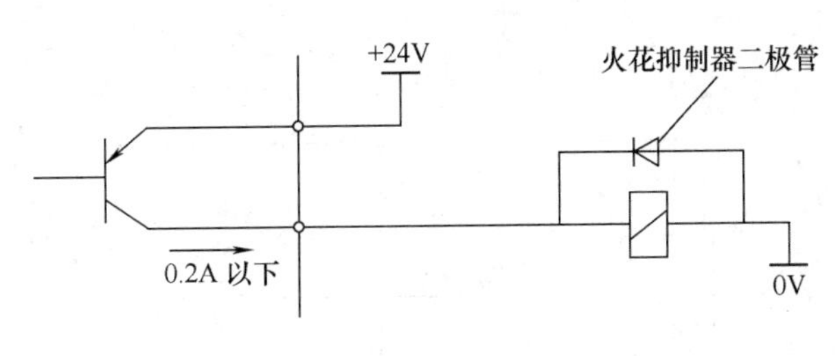

图　11-8

② 电气规格：

驱动器置于 ON 时最大负载电流：200mA（包含瞬时）。

驱动器置于 ON 时饱和电压：1.0Vmax。

耐压：（24±20%）V（包含瞬时）。

驱动器置于 OFF 时输出漏电流：100μA。

③ 作为输出信号的外部电源，应提供如下所示的电源。

电源电压：（+24±10%）V。

电源电流：每块印制电路板包含瞬时的最大负载电流的总和在 +100mA 以上。

通电时机：与控制装置同时，或在其之前。

电源断开时机：与控制装置同时，或在其之后。

④ 火花抑制器二极管规格：

额定反峰值击穿电压：100V 以上。

额定有效正向电流：1A 以上。

⑤ 输出信号用的驱动器：在驱动器元件内对每 1 个输出信号监视其电流，检测出过电流时，将该输出置于 OFF（关闭）。过电流所引起的输出关闭，由于其已经关闭而不再为过电流状态，恢复为 ON（打开）状态。因此，在接地故障或过负载状态下，该输出将反复 ON/OFF 操作。这样的状态在连接冲击电流大的负载时也会发生。此外，驱动器元件内还备有过热检测电路，在输出的接地故障、过电流状态持续、元件内部温度上升的情况下，将元件的所有输出都置于 OFF。虽然该关闭状态会被保持下来，但在元件内部温度下降后，通过进行控制装置电源的 ON/OFF 操作即恢复。

⑥ 使用时的注意事项：请勿使用机器人侧的 +24V 电源。直接向继电器、电磁阀类施加负载时，应将防反电动势二极管与负载并联连接起来。当连接指示灯亮发生冲击电流的负荷时，应设置保护用电阻。

⑦ 使用信号：主板 CRMA15、CRMA16 的输出信号为 CMDENBL、FAULT、BATALM、BUSY、DO101-120，处理 I/O 板 CRMA52A、CRMA52B 的输出信号为 DO01 ～ DO16。

2）外围设备接口的输入信号电气规格。

①连接例，如图 11-9 所示。

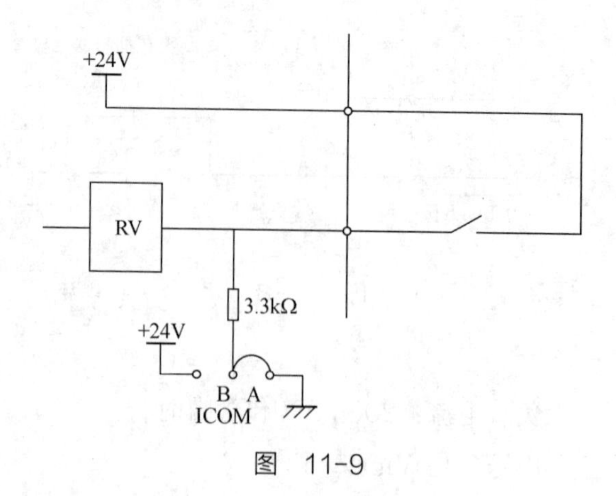

图 11-9

②接收机的电气规格。

类型：接地型电压接收机。

额定输入电压：接点“关”，+20 ～ +28V；接点“开”，0 ～ +4V。

最大输入外加电压：DC+28V。

输入阻抗：约 3 ～ 7kΩ。

响应时间：5 ～ 20ms。

③外围设备侧接点规格：DC 24V、0.1A（使用最小负荷在 5mA 以下的接点），如图 11-10 所示。

输入信号宽：ON/OFF 均在 200ms 以上。

振动时间：5ms 以下。

闭电路电阻：100Ω 以下。

开电路电阻：100kΩ 以上。

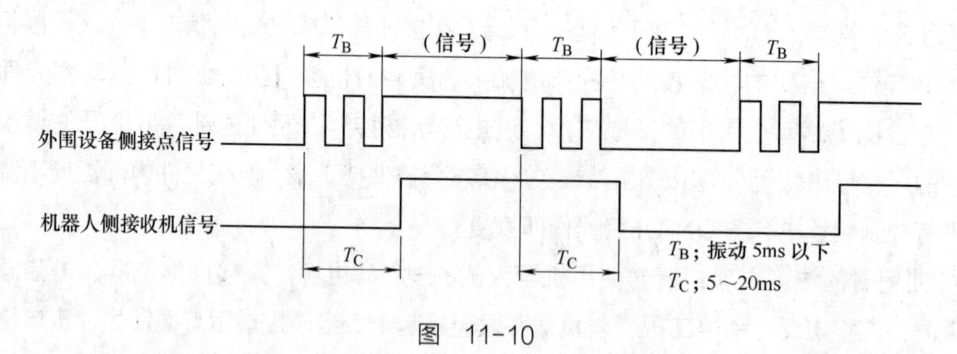

图 11-10

④使用时的注意事项：供应给接收机的电压应使用机器人侧的 +24V 电源。但是，在机器人侧的接收机部位，必须符合上述信号规格。

⑤使用信号：主板 CRMA15、CRMA16 的输入信号为 XHOLD、FAULT RESET、START、HOME、ENBL、DI101-DI120，处理 I/O 板 CRMA52A、CRMA52B 的输入信号为 DI01 ～ DI20。

（2）EE 接口的信号规格

①连接例，如图 11-11 所示。

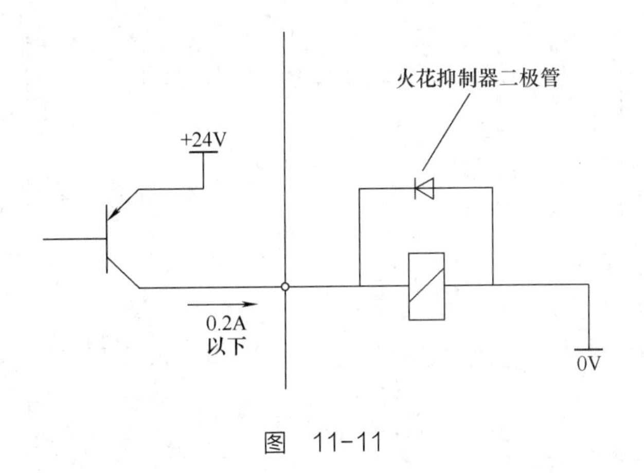

图　11-11

② 电气规格：

驱动器置于 ON 时最大负载电流：200mA（包含瞬时）。

驱动器置于 ON 时饱和电压：1.0Vmax。

耐压：（24 ± 20%）V（包含瞬时）。

驱动器置于 OFF 时输出漏电流：100μA。

③ 输出信号的电源规格：根据焊接接口，可在 0.7A 以下使用机器人侧的 +24V 电源。

④ 输出信号用的驱动器：在驱动器元件内对每 1 个输出信号监视其电流，检测出过电流时，将该输出置于 OFF。过电流所引起的输出关闭，由于其已经关闭而不再为过电流状态，恢复为 ON 状态。因此，在接地故障或过负载状态下，该输出将反复 ON/OFF 操作。这样的状态在连接冲击电流大的负载时也会发生。此外，驱动器元件内还备有过热检测电路，在输出的接地故障、过电流状态持续、元件内部温度上升的情况下，将元件的所有输出都置于 OFF。虽然该 OFF 状态会被保持下来，但在元件内部温度下降后，切断控制装置的电源即恢复。

⑤ 使用时的注意事项：直接向继电器、电磁阀类施加负载时，应将防反电动势二极管与负载并联连接起来。当连接指示灯亮时会发生冲击电流的负荷时，应设置保护用电阻。

⑥使用信号。末端执行器控制接口的输出信号为 RO1 ～ RO8。

（3）外围设备接口的输入信号规格　有关输入信号，与其他的 I/O 板相同。

使用信号为末端执行器控制接口的输入信号 RI 1 ～ RI 8、XHBN、XPPABN。

5. 外围设备连接电缆规格

1）外围设备接口 A1 用电缆（CRMA15；泰科电子放大器 40 插脚），如图 11-12 所示。

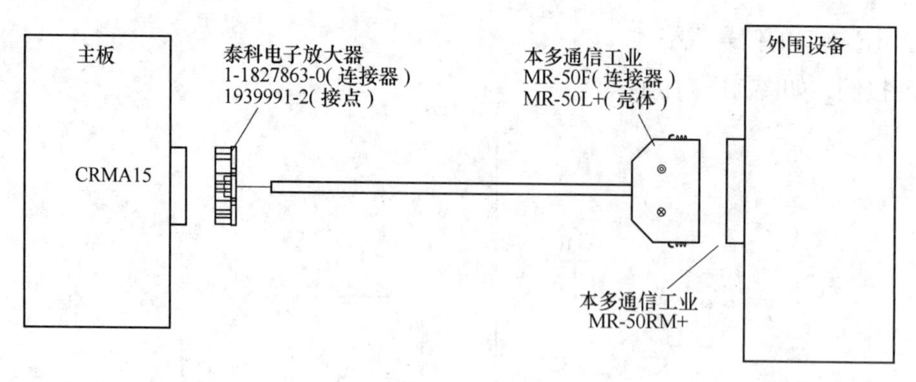

图 11-12

2）外围设备接口 A2 用电缆（CRMA16；泰科电子放大器 40 插脚），如图 11-13 所示。

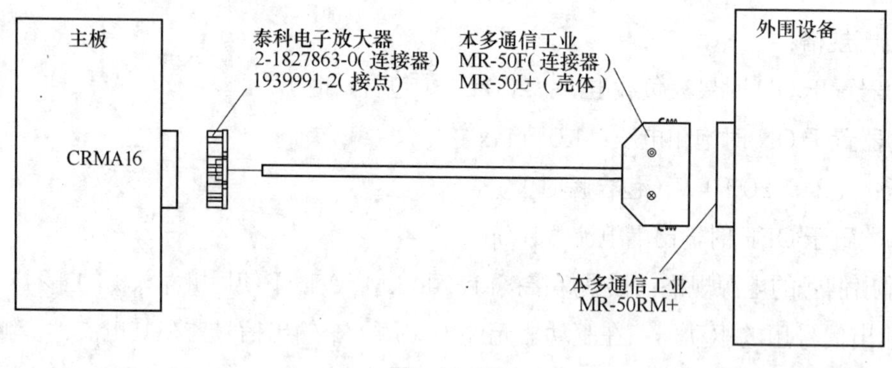

图 11-13

3）外围设备接口 B1、B2 用电缆（CRMA52；泰科电子 30 插脚），如图 11-14 所示。

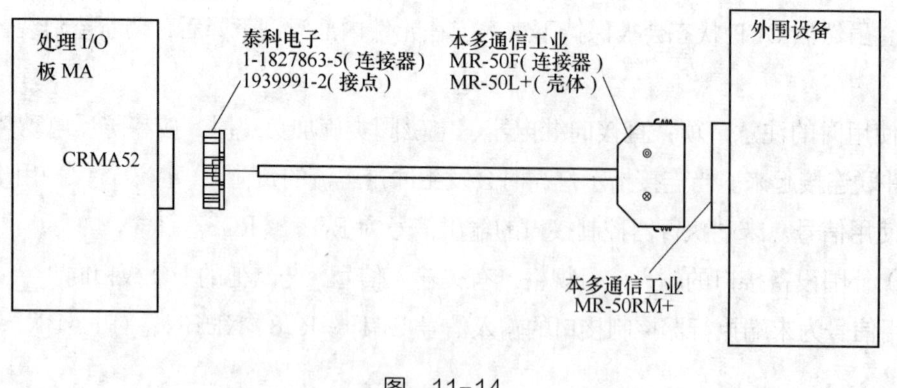

图 11-14

4）弧焊连接用电缆（CRW11；泰科电子 20 插脚），如图 11-15 所示。

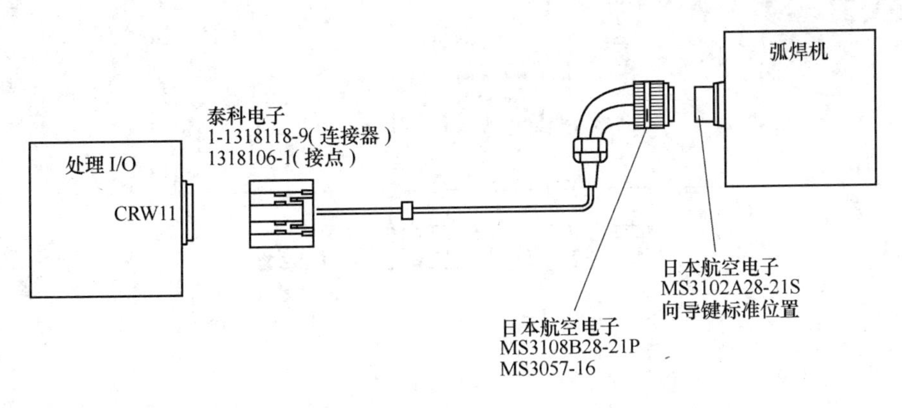

图　11-15

项目实施

1. 熟练掌握各个接线口的功能和特点。
2. 实际动手操作接线。

项目 12

零点标定的方法

项目描述

本项目主要介绍简易零点标定、全轴零点标定、单轴零点标定的方法与操作，读者需要熟练掌握这些方法和技巧。

项目过程

1. 概述

机器人的当前位置是通过各轴的脉冲编码器的脉冲计数值来确定。工厂出货时，已经对机器人进行了零点标定，所以在日常操作中并不需要进行零点标定。但是，在下列情况下，则需要进行零点标定。

1）更换电动机。

2）更换脉冲编码器。

3）更换减速机。

4）更换电缆。

5）机构部的脉冲计数后备用电池用尽。

零点标定的种类见表 12-1。

表 12-1

种　类	说　明
专用夹具零点位置标定	使用零点标定夹具进行的零点标定。这是在工厂出货之前进行的零点标定
全轴零点位置标定（对合标记零点标定）	在所有轴都处在零度位置时进行的零点标定。机器人的各轴都赋予零位标记（对合标记）。在使该标记对合于所有轴的位置时进行零点标定
简易零点标定	因电池用尽等脉冲计算值被复位时的零点标定。和其他的方法相比，这个方法可以用简单的步骤进行零点标定。需要事先设定参考点（全轴同时）
简易零点标定（单轴）	因电池用尽等脉冲计算值被复位时对每一轴进行的零点标定。和其他的方法相比，这个方法可以用简单的步骤进行零点标定。需要事先设定参考点
单轴零点标定	对每一轴进行的零点标定。各轴的零点标定位置，可以在用户设定的任意位置进行。此方法在仅对某一特定轴进行零点标定时有效
输入零点标定数据	直接输入零点标定数据的方法

在进行零点标定之后，务必进行位置调整（校准）。位置调整是控制装置读入当前的脉冲计数值并识别当前位置的操作。这里，就全轴零点标定、简易零点标定、单轴零点标定

以及零点标定数据的输入进行说明，如图 12-1 ～图 12-3 所示。

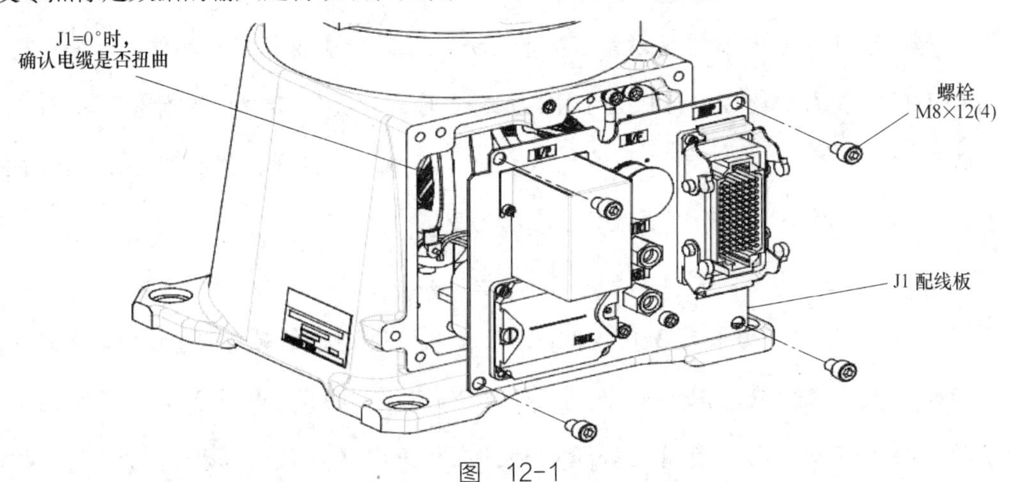

图　12-1

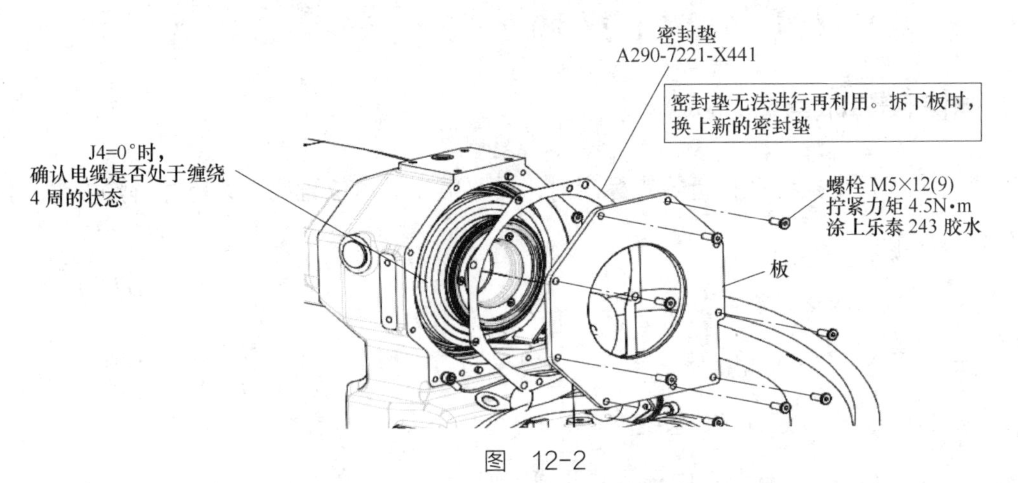

图　12-2

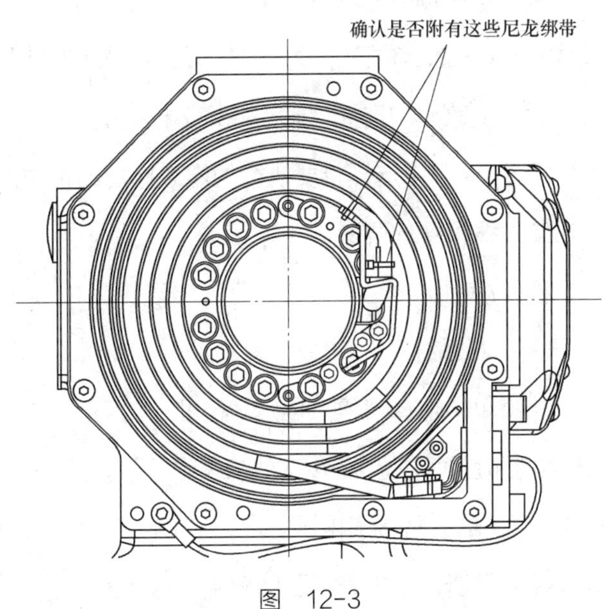

图　12-3

注意

1）如果零点标定出现错误，有可能导致机器人执行意想不到的动作，十分危险。因此，只有在系统参数 $MASTER_ENB=1 或 2 时，才会显示“位置对合”界面。执行完位置对合后，按“位置对合”界面上的 F5“完成”。这样，自动设定 $MASTER_ENB=0，“位置对合”界面不再显示。

2）建议在进行零点标定之前的零点标定数据。

3）可动范围在机构上有 360° 以上，且在电缆所连接的轴（J1 轴、J4 轴）上，从正确的零点标定位置使轴旋转一周进行对合时，机构部内电缆会发生损伤。零点标定时大幅度移动轴而弄不清是否正确时，应拆下配线板或者盖板，确认内部电缆的状态，之后再进行正确位置的零点标定。

2. 解除报警和准备零点标定

为进行电动机交换，在执行零点标定时，需要事先显示位置调整菜单并解除报警。具体操作步骤如下：

（1）显示位置调整菜单

1）按“MENU”（菜单）键。

2）按“0 下页”，选择“6 系统”。

3）按 F1“类型”，从菜单中选择“系统变量”。

4）将光标对准 $MASTER_ENB 位置，输入“1”，按“ENTER”（执行）键。

5）再次按 F1“类型”，从菜单中选择“零点标定 / 校准 l”。

6）从“零点标定 / 校准”菜单中选择将要执行的零点标定的种类。

（2）“Servo 062 BZAL 报警”的解除

1）按“MENU”（菜单）键。

2）按“0 下页”，选择“6 系统”。

3）按 F1“类型”，从菜单中选择“零点标定 / 校准”。

4）按 F3“RES_PCA”（脉冲复位）后，再按 F4“是”。

5）切断控制装置的电源，然后再接通电源。

（3）“Servo 075 脉冲编码器位置未确定”的解除

1）再次通电时，再次显示“Servo 075 脉冲编码器位置未确定”。

2）在关节进给的模式下，使出现“脉冲编码器位置未确定”提示的轴朝任一方向旋转，直到按“RESET”键时不再出现报警。

3. 全轴零点标定

全轴零点位置标定（对合标记零点标定）是在所有轴零度位置进行的零点标定。机器人的各轴都赋予零位标记（对合标记）。通过这一标记，将机器人移动到所有轴零度位置后进行零点标定。全轴零点位置标定通过目测进行调节，所以不能期待零点标定的精度。应将零位零点标定作为一时应急的操作来对待。

全轴零点位置标定步骤如下：

1）按“MENU”（菜单）键，显示出界面菜单，如图 12-4 所示。

2）按“0 下页”，选择“6 系统”。

3）按 F1“类型”，显示出界面切换菜单。

4）选择“零点标定 / 校准”，出现位置调整界面。

图　12-4

5）在 JOG 方式下移动机器人，使其成为零点标定姿势。应在解除制动器控制后进行操作，如图 12-5 所示。

注释
按照如下所示方式改变系统变量，即可解除制动器控制。
$PARAM_GROUP. $SV_OFF_ALL　：FALSE
$PARAM_GROUP. $SV_OFF_ENB[*]：FALSE　(所有轴)
改变系统变量后，务须重新接通控制装置的电源。

图　12-5

6）选择“2　全轴零点位置标定”，按 F4“是”，如图 12-6 所示。

7）选择“7　更新零点标定结果”，按 F4“是”，进行位置调整。或者重新接通电源，同样也进行位置调整，如图 12-7 所示。

系统零点标定/校准
扭矩= [开]
1　专用夹具零点位置标定
2　全轴零点位置标定
3　简易零点标定
4　简易零点标定（单轴）
5　单轴零点标定
6　设定简易零点标定参考点
7　更新零点标定结果
机器人已完成零点标定！ 零点标定数据：
<0> <11808249> <38767856>
<9873638> <122000309> <2000319>
[类型]　RES_PCA　完成

图　12-6

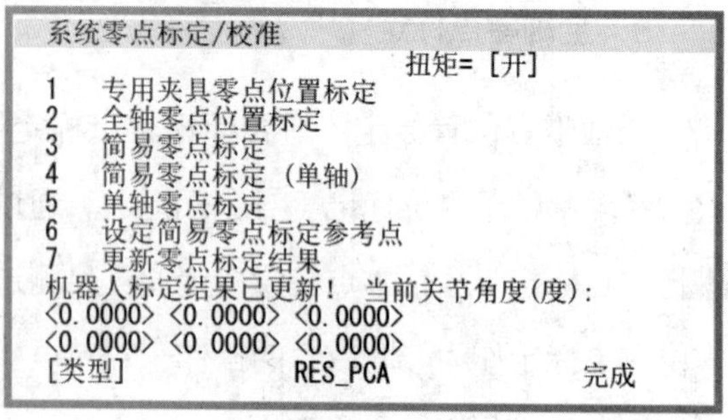

系统零点标定/校准
扭矩= [开]
1　专用夹具零点位置标定
2　全轴零点位置标定
3　简易零点标定
4　简易零点标定（单轴）
5　单轴零点标定
6　设定简易零点标定参考点
7　更新零点标定结果
机器人标定结果已更新！ 当前关节角度(度)：
<0.0000> <0.0000> <0.0000>
<0.0000> <0.0000> <0.0000>
[类型]　RES_PCA　完成

图　12-7

8）在位置调整结束后，按 F5“完成”，如图 12-8 所示。

图　12-8

9）恢复制动器控制原先的设定，见表 12-2 和图 12-9，重新通电。

表　12-2

轴	位　置（°）
J1	0
J2	0
J3	0（J2=0）
J4	0
J5	0
J6	0

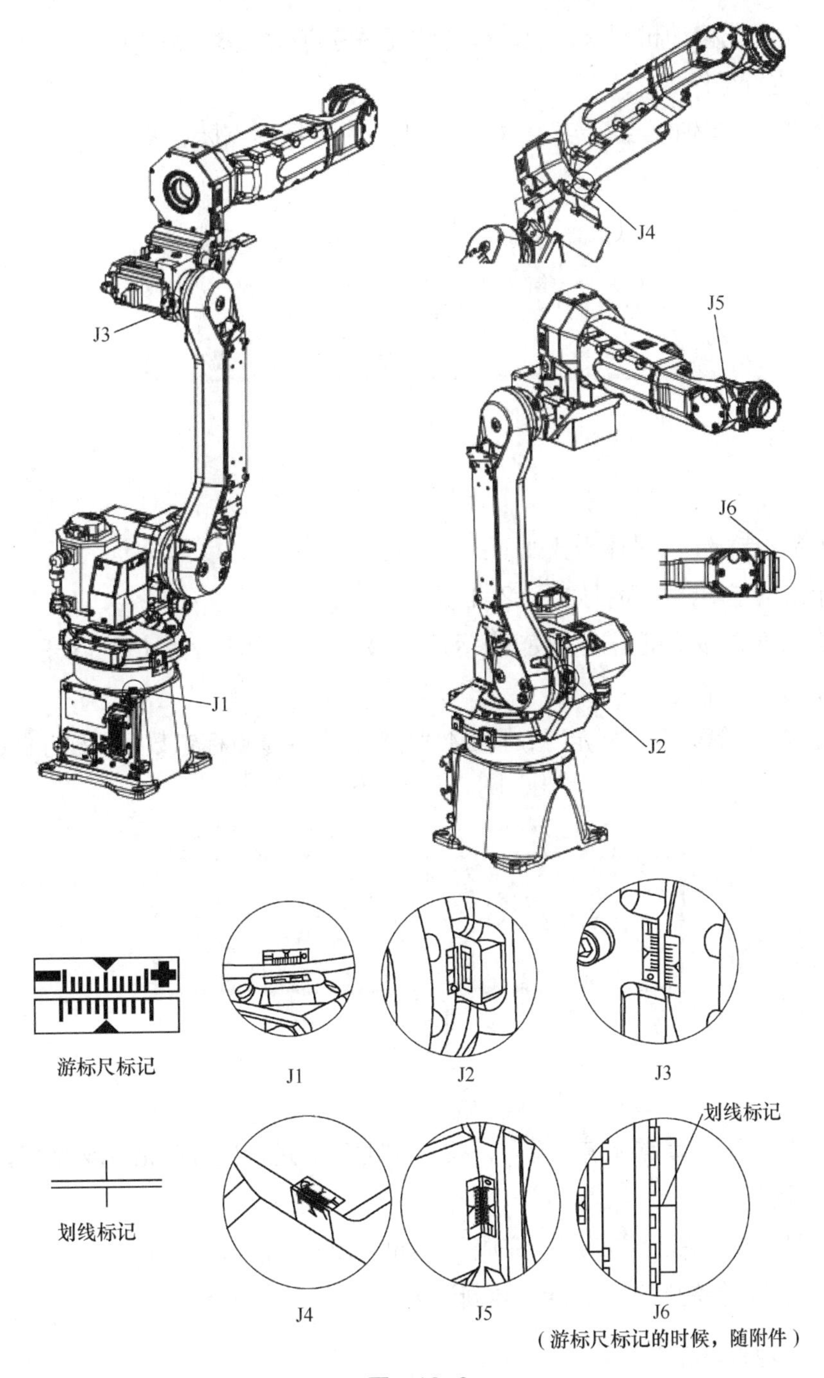

图　12-9

4. 简易零点标定

（1）设定简易零点标定参考点　步骤如下：

1）通过“MENU”（菜单）键选择“6 系统”。

2）通过界面切换选择“零点标定 / 校准”，出现位置调整界面，如图 12-4 所示。

3）以点动方式移动机器人，使其移动到简易零点标定参考点（图 12-9）。应在解除制动器控制后进行操作。

4）选择“5　单轴零点标定”，按 F4“是”，简易零点标定参考点即被存储起来，如图 12-10 所示。

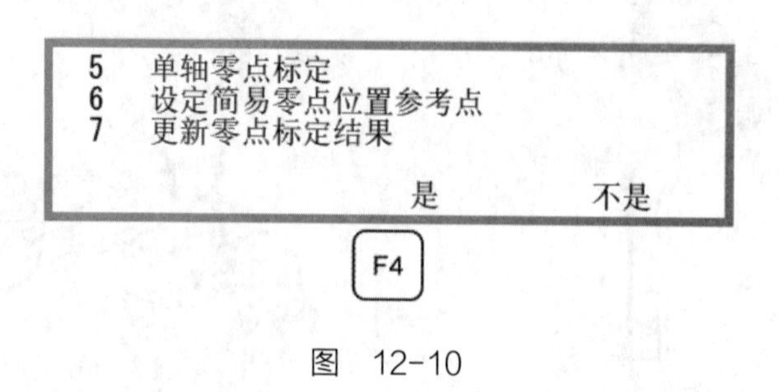

图　12-10

（2）简易零点标定　具体步骤如下：

1）显示出位置调整界面，如图 12-4 所示。

2）以点动方式移动机器人，使其移动到简易零点标定参考点（图 12-9）。应在解除制动器控制后进行操作。

3）选择“3　简易零点标定”，按 F4“是”，简易零点标定数据即被存储起来，如图 12-11 所示。

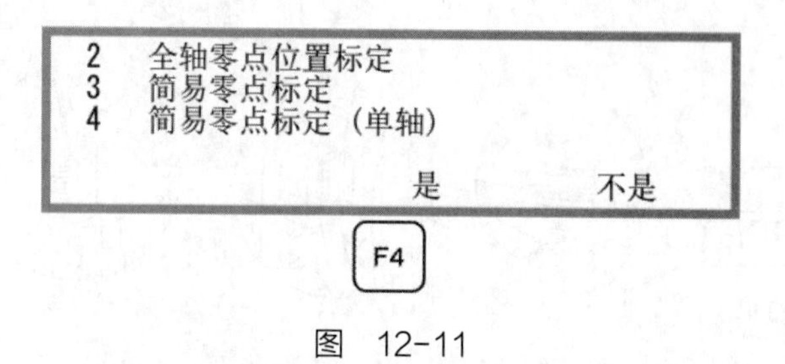

图　12-11

4）选择“7　更新零点标定结果”，按 F4“是”，进行位置调整。或者重新接通电源，同样也进行位置调整。

5）在位置调整结束后，按 F5“完成”，如图 12-8 所示 。

6）恢复制动器控制原先的设定，重新通电。

5. 简易单轴零点标定

（1）设定简易单轴零点标定参考点　步骤如下：

1）通过“MENU”（菜单）键选择“6 系统”。

2）通过界面切换选择“零点标定 / 校准”，出现位置调整界面，如图 12-14 所示。

3）以点动方式移动机器人，使其移动到简易零点标定参考点（图 12-9）。应在解除制动器控制后进行操作。

4）选择“6　设定简易零点位置参考点”，按 F4“是”，简易单轴零点标定参考点即被存储起来，如图 12-12 所示。

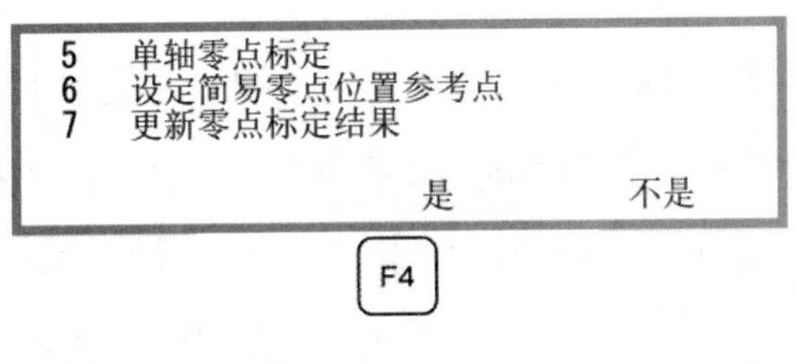

图　12-12

（2）简易单轴零点标定　具体步骤如下：

1）显示出位置调整界面，如图 12-4 所示。

2）选择“4　简易零点标定（单轴）”，出现简易零点标定（1 轴）界面，如图 12-13 所示。

简易零点标定(1轴)　1/9

	实际位置	(零点标定位置)	(SEL)	[ST]
J1	0.000	(0.000)	(0)	[2]
J2	0.000	(0.000)	(0)	[2]
J3	0.000	(0.000)	(0)	[2]
J4	0.000	(0.000)	(0)	[2]
J5	0.000	(0.000)	(0)	[2]
J6	0.000	(0.000)	(0)	[2]
E1	0.000	(0.000)	(0)	[2]
E2	0.000	(0.000)	(0)	[2]
E3	0.000	(0.000)	(0)	[2]

执行

图　12-13

3）对于希望进行简易零点标定（1 轴）的轴，将（SEL）设定为“1”。可以为每个轴单独指定（SEL），也可以为多个轴同时指定（SEL）。

4）以点动方式移动机器人，使其移动到简易零点标定参考点。断开制动器控制。

5）按 F5“执行”，执行零点标定。由此，“SEL”返回“0”，“ST”变为“2”（或者 1）。如图 12-14 所示。

6）选择“7　更新零点标定结果”，按 F4“是”，进行位置调整。或者重新接通电源，同样也进行位置调整。

简易零点标定(1轴)　1/9

	实际位置	(零点标定位置)	(SEL)	[ST]
J5	0.000	(0.000)	(0)	[2]
J6	0.000	(0.000)	(0)	[2]
E1	0.000	(0.000)	(0)	[2]
E2	0.000	(0.000)	(0)	[2]
E3	0.000	(0.000)	(0)	[2]

执行

图　12-14

7）在位置调整结束后，按 F5“完成”，如图 12-8 所示。

8）恢复制动器控制原先的设定，重新通电。

6. 单轴零点标定

单轴零点标定是对每个轴进行的零点标定。各轴的零点标定位置可以在用户设定的任意位置进行。当用来后备脉冲计数器的电池电压下降，或更换脉冲编码器而导致某一特定轴的零点标定数据丢失时，进行 1 轴零点标定，如图 12-15 所示，其参数说明见表 12-3。

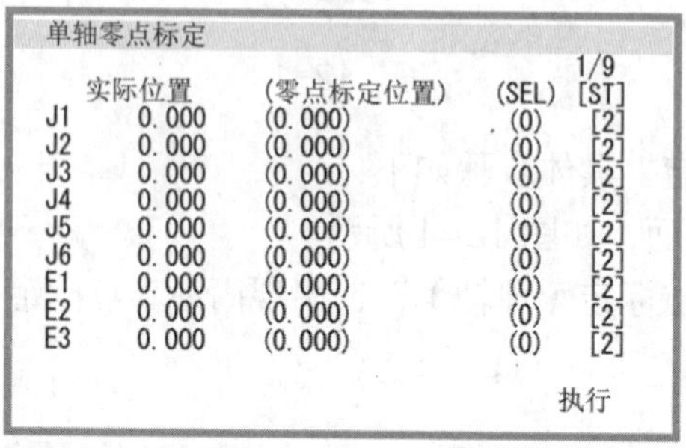

```
单轴零点标定
                                              1/9
      实际位置      (零点标定位置)     (SEL)  [ST]
J1     0.000       (0.000)            (0)    [2]
J2     0.000       (0.000)            (0)    [2]
J3     0.000       (0.000)            (0)    [2]
J4     0.000       (0.000)            (0)    [2]
J5     0.000       (0.000)            (0)    [2]
J6     0.000       (0.000)            (0)    [2]
E1     0.000       (0.000)            (0)    [2]
E2     0.000       (0.000)            (0)    [2]
E3     0.000       (0.000)            (0)    [2]

                                          执行
```

图 12-15

表 12-3

项　目	说　明
实际位置（ACTUAL POS）	各轴以（°）为单位显示机器人的当前位置
零点标定位置（MSTR POS）	对于进行单轴零点标定的轴，指定零点标定位置。通常指定 0° 位置将带来方便
SEL	对于进行零点标定的轴，将此项目设定为 1。通常设定为 0
ST	表示各轴的零点标定结束状态。用户不能直接改写此项目。该值反映 $EACHMST_DON [1 ~ 9] -0：零点标定数据已经丢失。需要进行 1 轴零点标定 -1：零点标定数据已经丢失（只对其他联动转轴进行零点标定）。需要进行 1 轴零点标定 -2：零点标定已经结束

单轴零点标定具体步骤如下：

1）通过“MENU”（菜单）键选择“6 系统”。

2）通过界面切换选择“零点标定 / 校准”，出现位置调整界面，如图 12-4 所示。

3）选择“5　单轴零点标定”，出现 1 轴零点标定界面。

4）对于希望进行 1 轴零点标定的轴，将“SEL”设定为“1”。可以为每个轴单独指定（SEL），也可以为多个轴同时指定（SEL）。

5）以点动方式移动机器人，使其移动到零点标定位置（图 12-9）。断开制动器控制。

6）输入零点标定位置的轴数据。

7）按 F5“执行”，执行零点标定。由此，“SEL”返回“0”，“ST”变为“2”（或者 1）。

8）等 1 轴零点标定结束后，按“PREV”（返回）键返回原来的界面，如图 12-4 所示。

9）选择“7　更新零点标定结果”，按 F4“是”，进行位置调整。或者重新接通电源，同样也进行位置调整。

10）在位置调整结束后，按 F5“完成”，如图 12-8 所示。

11）恢复制动器控制原先的设定，重新通电。

7. 输入零点标定数据

零点标定数据的输入方法如下：

1）通过“MENU”（菜单）键选择“6 系统”。

2）通过界面切换选择“变量”，出现系统变量界面，如图 12-16 所示。

图　12-16

3）改变零点标定数据。零点标定数据存储在系统变量 $DMR_GRP.$MASTER_COUN 中，如图 12-17 所示。

4）选择“$DMR_GRP”，如图 12-18 所示。

图　12-17

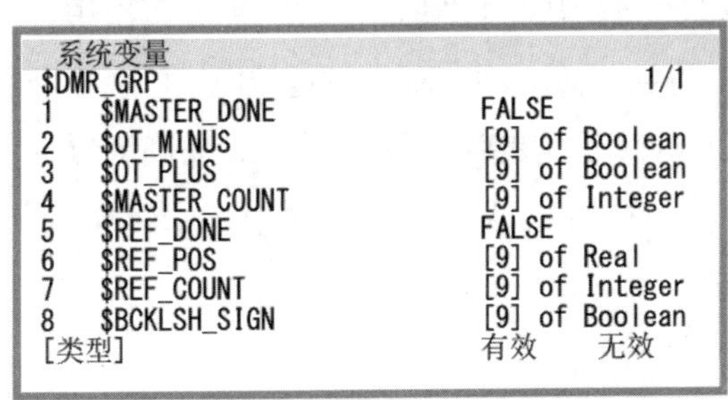

图　12-18

5）选择“$MASTER_COUNT”，输入事先准备好的零点标定数据，如图 12-19 所示。

6）按“PREV”（返回）键。

7）将“$MASTER_DONE00”设定为“TRUE”，如图 12-20 所示。

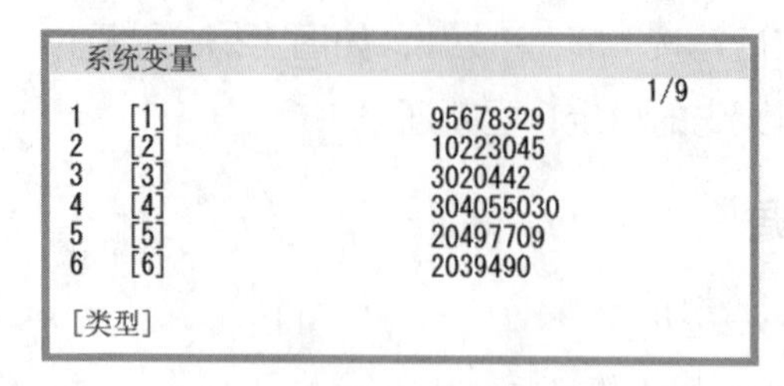

图 12-19

图 12-20

8）显示位置调整界面，选择“7 更新零点标定结果”，按 F4“是”。

9）在位置调整结束后，按 F5“完成”，如图 12-8 所示。

8. 确定零点标定结果

（1）确认零点标定是否正常进行　通常在通电时自动进行位置调整。要确认零点标定是否已经正常结束，按如下所示方法检查当前位置显示和机器人的实际位置是否一致。

1）使程序内的特定点再现，确认与已经示教的位置一致。

2）使机器人动作到所有轴都成为 0° 的位置，目视确认零度位置标记是否一致。

（2）零点标定时发生的报警及其对策

1）BZAL 报警：在控制装置电源断开期间，当后备脉冲编码器的电池电压为 0 时，会发生此报警。此外，为更换电缆等而拔下脉冲编码器的连接器的情况下，由于电池的电压会成为 0 而发生此报警。应进行脉冲复位，切断电源后再通电，确认是否能够解除报警。无法解除报警时，有可能电池已经耗尽。在更换完电池后，进行脉冲复位，切断电源后再通电。发生该报警时，保存在脉冲编码器内的数据将丢失，需要再次进行零点标定。

2）BLAL 报警：该报警表示后备脉冲编码器的电池电压已经下降到不足以进行后备的程度。发生该报警时，应尽快在通电状态下更换后备用的电池，并确认当前位置数据是否正确。

3）CKAL、RCAL、PHAL、CSAL、DTERR、CRCERR、STBERR、SPHAL 报警：有可能是脉冲编码器异常。

项目实施

进行实际的现场操作，分别操作全轴零点标定、简易零点标定等，熟练掌握零点标定的方法。

项目 13

机构检修内容与要领

项目描述

本项目主要介绍机器人机构的日常检修内容与机构关键处的故障查找与排除，通过掌握这些日常的检修可极大地保障机器运行的安全与稳定，从而延长机器人的使用寿命。

项目过程

通过检修和维修，可以将机器人的性能保持在稳定的状态。FANUC 机器人的全年运转时间设想为 3840h。如果全年运转时间超过 3840h 时，需根据运转时间缩短检修周期。例如，全年运转时间为 7680h 时，进行检修和维修的周期应缩短为一半。

1. 日常检修

日常具体检修项目以及相应的检修要领、处置见表 13-1。

表 13-1

检 修 项 目	检修要领和处置
油分渗出的确认	检查是否有油分从轴承中渗出来。有油分渗出时，应将其擦拭干净
空气 3 点套件的确认	安装空气 3 点套件时
振动、异常声音的确认	确认是否发生振动、异常声音
定位精度的确认	检查是否与上次启动的位置偏离，停止位置是否出现离差等
外围设备的动作确认	确认是否基于机器人、外围设备发出的指令切实动作
控制装置通气口的清洁	确认断开电源末端执行器安装面的落下量是否在 5mm 以内
警告的确认	确认在示教器的警告界面上是否发生出乎意料的警告。发生出乎意料的警告时，按照控制装置操作说明书进行应对

2. 定期检修

定期检修项目以及相应的检修要领、处置见表 13-2。

表 13-2

检修、维修周期（运转期间、运转累计时间）						检修、维修项目	检修要领、处置和维修要领
1 个月 （320h）	3 个月 （960h）	1 年 （3840h）	2 年 （7680h）	3 年 （11520h）	4 年 （15360h）		
○ 只有首次	○					油面观察玻璃窗油量的确认	通过 J4 轴齿轮箱的油面观察玻璃窗确认油量是否在玻璃窗直径 3/4 以上 通过 J5/J6 轴齿轮箱的油面观察玻璃窗确认油量是否在玻璃窗直径 1/4 以上
○ 只有首次	○					手腕部氟树脂环损坏的确认	确认手腕部的氟树脂环是否破损，破损时应予更换
○ 只有首次	○					控制装置通气口的清洁	控制装置的通气口上黏附大量灰尘时，应将其清除掉
	○					外伤、油漆脱落的确认	确认机器人是否有由于跟外围设备发生干涉而产生的外伤或者油漆脱落。如果有发生干涉的情况，要排除原因。另外，如果由于干涉产生的损坏比较大以至于影响使用时，需要对相应部件进行更换
	○					电缆保护套损坏的确认	确认机构部内电缆的电缆保护套是否有孔或者撕破等损坏。有损坏时，需要对电缆保护套进行更换。如果是与外围设备等的接触导致电缆保护套损坏，要排除原因
	○					沾水的确认	检查机器人是否溅上水或者切削油。溅上水或者切削油时，要排除原因，擦掉液体
	○ 只有首次	○				示教器、操作箱连接电缆、机器人连接电缆有无损坏的确认	检查示教器、操作箱连接电缆、机器人连接电缆是否过度扭曲，有无损伤。有损坏时，对该电缆进行更换
	○ 只有首次	○				机构部内电缆（可动部）损坏的确认	观察机构部电缆的可动部，检查电缆的包覆有无损伤，是否发生局部弯曲或扭曲
	○ 只有首次	○				末端执行器（机械手）电缆损坏的确认	检查末端执行器电缆是否过度扭曲，有无损伤。有损坏时，应对该电缆进行更换
	○ 只有首次	○				各轴电动机的连接器，其他外露的连接器松动的确认	检查各轴电动机的连接器和其他外露的连接器是否松动
	○ 只有首次	○				末端执行器安装螺栓的紧固	拧紧末端执行器安装螺栓
	○ 只有首次	○				外部主要螺栓的坚固	紧固机器人安装螺栓、检修等松脱的螺栓和露在机器人外部的螺栓 有的螺栓上涂敷有防松接合剂。在用建议拧紧力矩以上的力矩紧固时，会导致防松接合剂剥落，所以务必使用建议拧紧力矩加以紧固

（续）

检修、维修周期（运转期间、运转累计时间）						检修、维修项目	检修要领、处置和维修要领
1个月（320h）	3个月（960h）	1年（3840h）	2年（7680h）	3年（11520h）	4年（15360h）		
	○ 只有首次	○				机械式固定制动器、机械式可变制动器的确认	确认机械式固定制动器，机械式可变制动器是否有外伤、变形等碰撞的痕迹，制动器固定螺栓是否有松动
	○ 只有首次	○				飞溅物、切削屑、灰尘等的清洁	检查机器人本体是否有飞溅物、切削屑、灰尘等的附着或者堆积。有堆积物时应清洁。机器人的可动部（各关节、焊炬周围、手腕法兰盘周围、导线管、手腕轴中空部周围、手腕部的氟树脂环、电缆保护套）应特别注意清洁 焊炬周围、手腕法兰盘周围积存飞溅物时，会发生绝缘不良，有可能会因焊接电流而损坏机器人机构部
		○				机构部电池的更换	对机构部电池进行更换
			○			手腕部氟树脂环的更换	对手腕部的氟树脂环进行更换
			○			机构部内焊接电源电缆的更换	对机构部内焊接电源电缆进行更换
			○			物料搬运导线管的更换	对物料搬运导线管进行更换
				○		J1～J3轴减速机及J4～J6轴齿轮箱润滑脂及润滑油的更换	对各轴减速机的润滑脂和润滑油进行更换
					○	机构部内电缆的更换	对机构部内电缆进行更换
					○	控制装置电池的更换	对控制装置电池进行更换

注：○表示需要做的保养项目。

3. 油分渗出检查

1）把布块等插入各关节部的间隙，检查是否有油分从密封各关节部的油封中渗出来。有油分渗出时，应将其擦拭干净。

2）根据动作条件和周围环境，油封的油唇外侧可能有油分渗出（微量附着）。该油分累积而成为水滴状时，根据动作情况会滴下。在运转前通过清扫油封部下侧的油分，可以防止油分的累积。

3）漏出大量油分的情形，更换润滑脂或者润滑油，有可能改善。

4）如果驱动部变成高温，润滑脂槽内压可能会上升。这种情况下，在运转刚刚结束后，打开一次排脂口和排油口就可以恢复内压。打开排脂口时，注意避免润滑脂的飞散。打开排油口时，在排油口下设置油盘或者使排油口上面润滑油溢出时应补充润滑油，如图 13-1 所示。

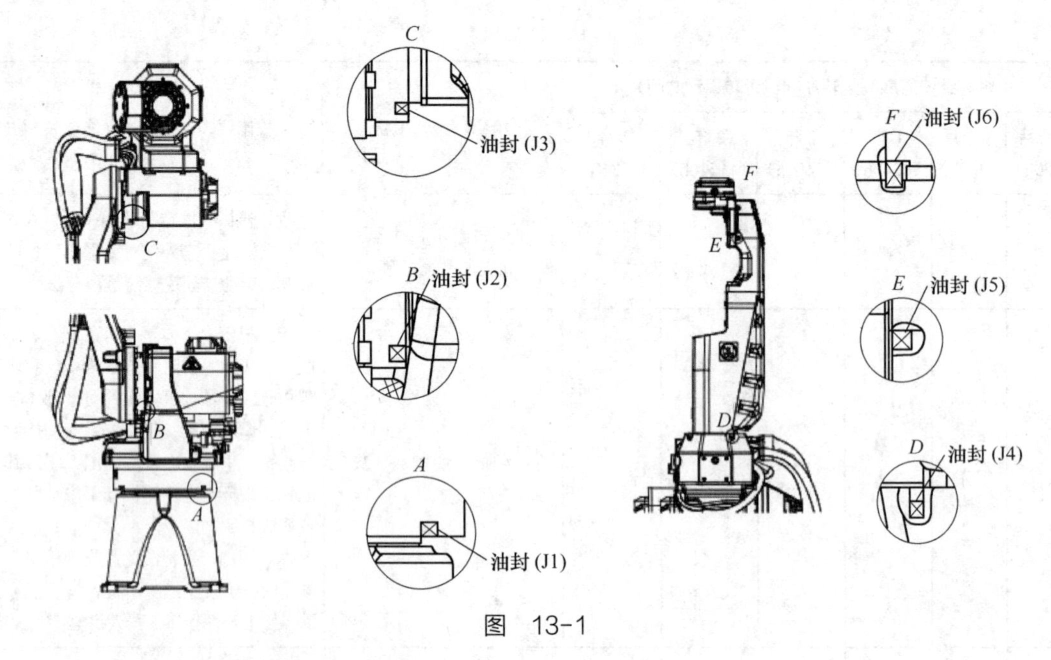

图 13-1

4. 空气 3 套件检查

空气 3 套件检查的具体检修项目以及要领见表 13-3 和图 13-2。

表 13-3

项	检 修 项 目	检 修 要 领
1	气压的确认	通过图 13-2 所示的空气 3 套件的压力表进行确认。若压力没有处在 0.49 ～ 0.69MPa（5 ～ 7kgf/cm^2）这样的规定压力下，则通过调节器压力设定手轮进行调节
2	油雾量的确认	启动气压系统检查滴下量。在没有滴下规定量（1 滴 /10 ～ 20s）的情况下，通过润滑器调节旋钮进行调节。在正常运转下，油将会在 10 ～ 20 天内用尽
3	油量的确认	检查空气 3 套件的油量是否在规定液面内
4	配管有无泄漏	检查接头、软管等是否泄漏。有故障时，拧紧接头或更换部件
5	泄水的确认	检查泄水，并将其排出。泄水量大的情况下，应在空气供应源一侧设置空气干燥器

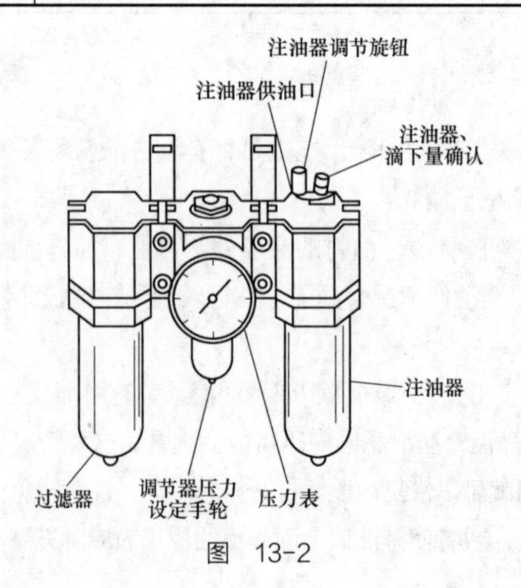

图 13-2

5. 油面观察玻璃窗的确认

通过 J4 轴齿轮箱的油面观察玻璃窗确认油量是否在玻璃窗直径 3/4 以上。通过 J5/J6 轴齿轮箱的油面观察玻璃窗确认油量是否在玻璃窗直径 1/4 以上。不足的情况下，应补充润滑油。有时通过油面观察玻璃窗无法观察到空气部，这并非异常。没有油的情况下，在油面观察玻璃窗的红色标示部可以看到反光，并可以看到标示部鲜明的轮廓。有油的情况下看不到反光，并且标示的轮廓也不是十分鲜明。判断不清时，应打开排油口，利用手电筒观察内部，确认润滑油是否不足。因润滑油的劣化变色无法读取油面观察玻璃窗时，应更换润滑油，如图 13-3 所示。

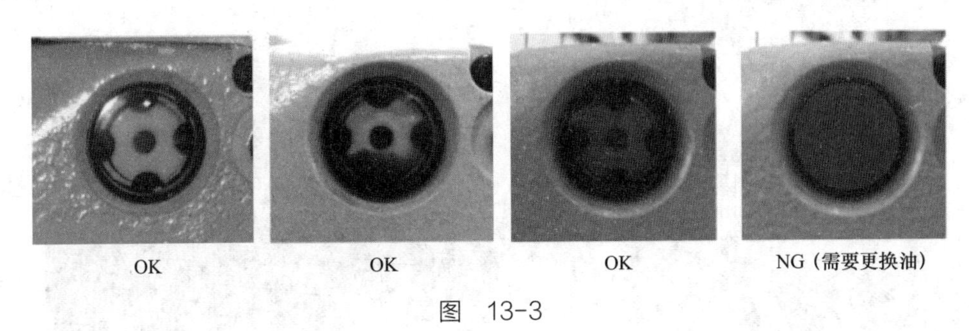

图　13-3

6. 手腕部氟树脂环损坏的确认

确认手腕部的氟树脂环是否破损，破损时应予更换。更换周期的大致标准为 2 年，但是在滑动部咬入硬粉尘等状态下运转时，更换周期将有可能缩短，如图 13-4 所示（氟树脂环的规格：A290-7221-X571）。

按照图 13-5 所示，破损时应予更换。

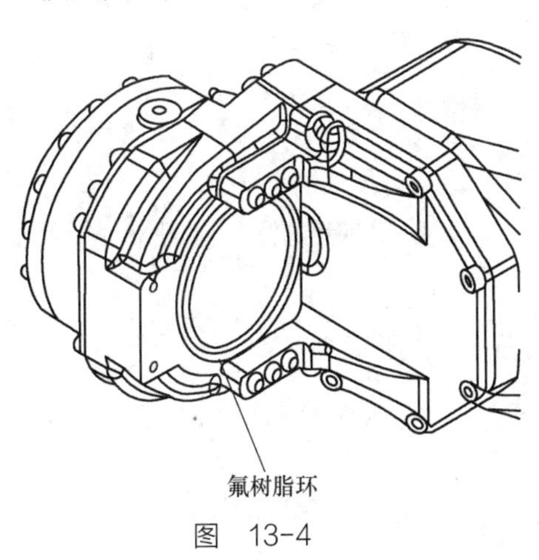

图　13-4

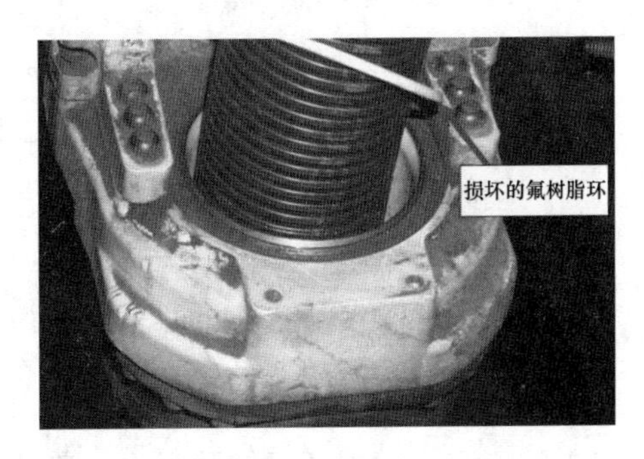

图　13-5

7. 机构部内电缆以及连接器的检修

机构部内电缆、焊接电缆检修部位确认外露的电缆是否损伤。特别要仔细确认可动部是否损伤。黏附有飞溅物时要进行清洁，如图 13-6 所示。

（1）电缆保护套的确认事项

1）确认机构部内电缆的电缆保护套是否有孔或者撕破等破损。

2）如果有图 13-7 所示损坏，应更换电缆保护套。

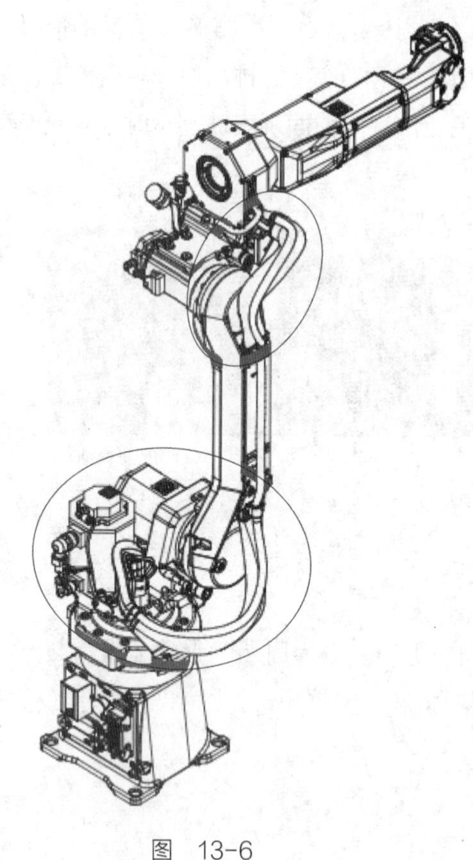
图　13-6

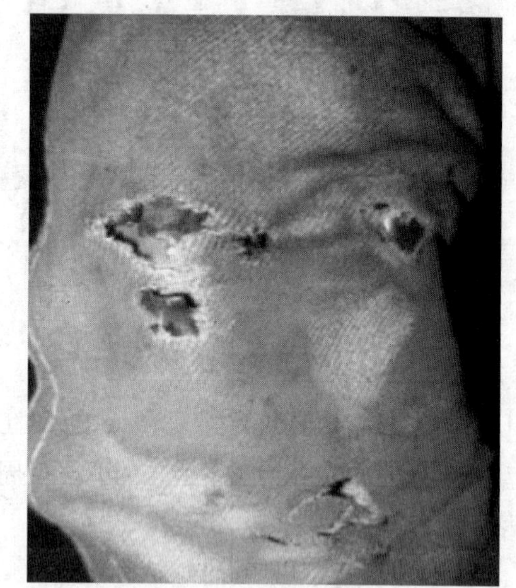
图　13-7

（2）电缆确认事项

1）检查电缆的包覆有无磨损和损伤。

2）由于包覆的磨损和损伤被覆，内部的线材露出时，应更换电缆，如图 13-8 所示。

（3）连接器检修部位

1）露出在外部的电动机动力和制动连接器，如图 13-9 所示。

2）机器人连接电缆、接地端子和用户电缆。

连接器检修部位确认事项：

1）圆形连接器：用手转动看看，确认是否松动。

2）方形连接器：确认控制杆是否脱落。

3）接地端子：确认其是否松脱。

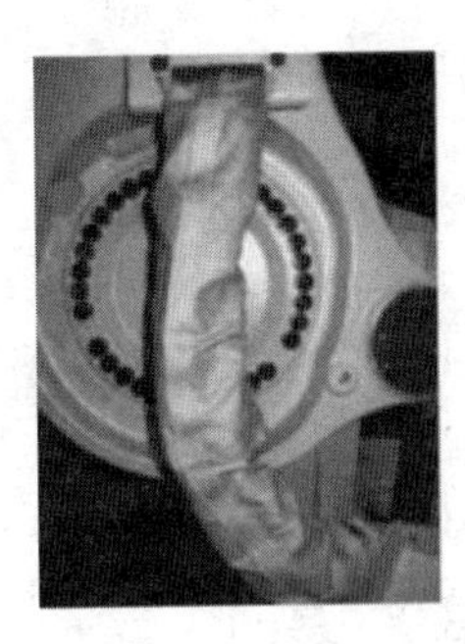

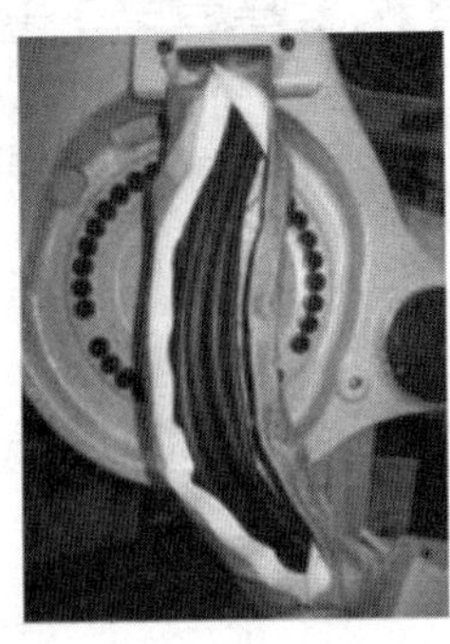

图　13-8

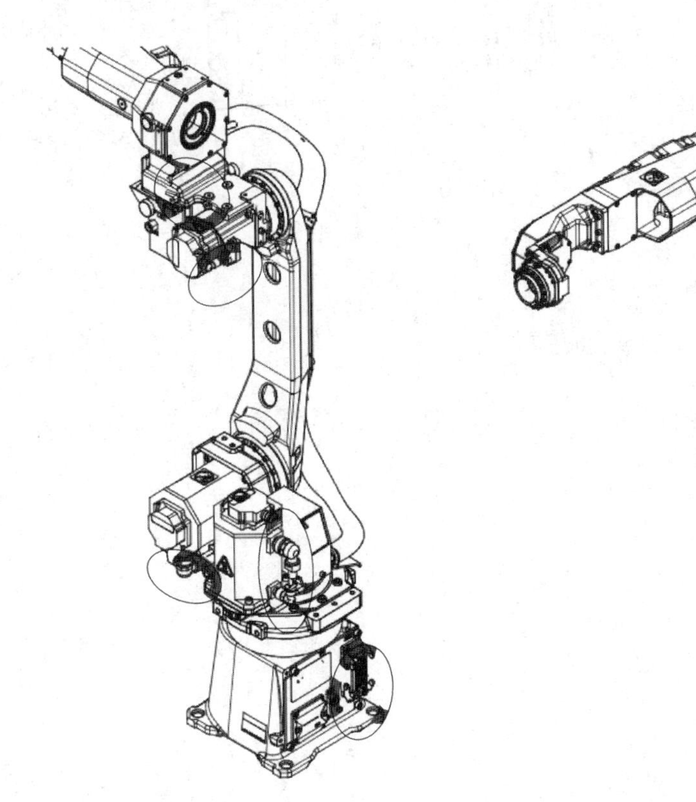

图　13-9

8. 机械式固定制动器、机械式可变制动器的检修

1）确认各制动器是否有碰撞的痕迹。如果有碰撞的痕迹，应更换该部件。

2）检查制动器固定螺栓是否松动，如果松动则予以紧固。特别要检查 J1 轴振子制动器固定螺栓是否松动，如图 13-10 所示。

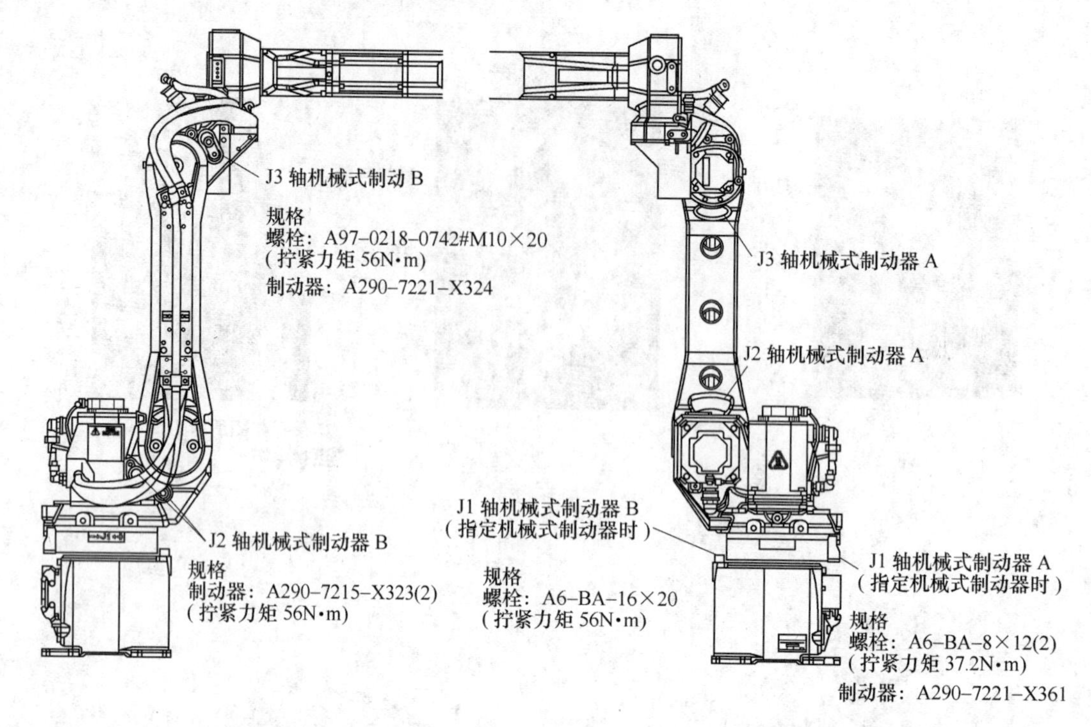

图 13-10

项目实施

熟悉检修的要点与重点，进行实际的操作。

项目 14

维修作业

项目描述

本项目主要介绍机器人因长时间使用或者使用维护不当导致的机构问题的维修解决方法，如机器人电池的更换，驱动机构内部润滑脂、润滑油的更换等，掌握这些知识可以很方便快捷地解决一些常见的机器人机构故障问题。

项目过程

1. 电池更换

机器人各轴的位置数据通过后备电池保存。电池应每年进行定期更换。此外，后备用电池的电压下降报警显示时，也应更换电池。

电池更换步骤如下：

1）更换电池时，为预防危险，按急停按钮。

2）打开电池盒的盖子（图 14-1、图 14-2）。

3）从电池盒中取出用旧的电池。此时，通过拉起电池盒中央的棒即可取出电池。

4）将电池装入电池盒中。注意不要弄错电池的正负极性。

5）装电池盒。

注意

务必将电源置于 ON 状态。若电源处在 OFF 状态下更换电池，将会导致当前位置信息丢失，这样就需要进行零点标定。

若是带有防尘防液强化选项的机器人，如图 14-1、图 14-2 所示，应打开覆盖电池盒的盖罩更换电池。电池更换完后，装回电池盒盖板。此时，电池盖板的密封垫出于防尘防液性保护目的，应更换新的密封垫。在电池盖板上贴附密封垫时，应以其间没有间隙的方式进行贴附。

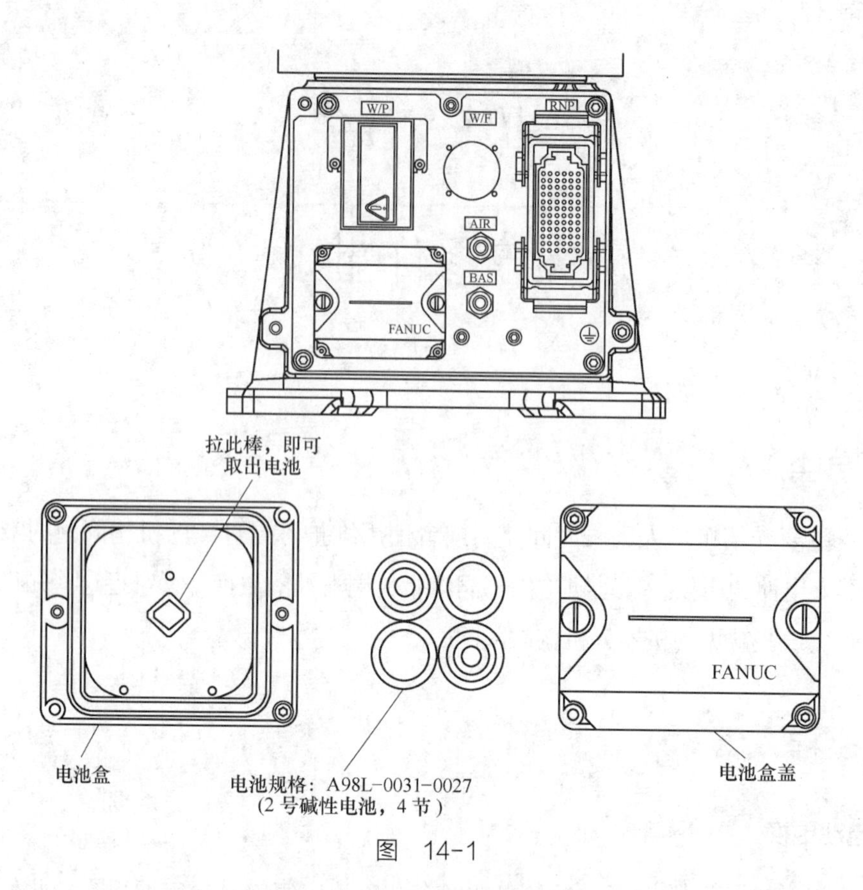
W/P
W/F
RNP
AIR
BAS
FANUC
拉此棒，即可
取出电池
FANUC
电池盒
电池规格：A98L-0031-0027
(2 号碱性电池，4 节)
电池盒盖

图 14-1

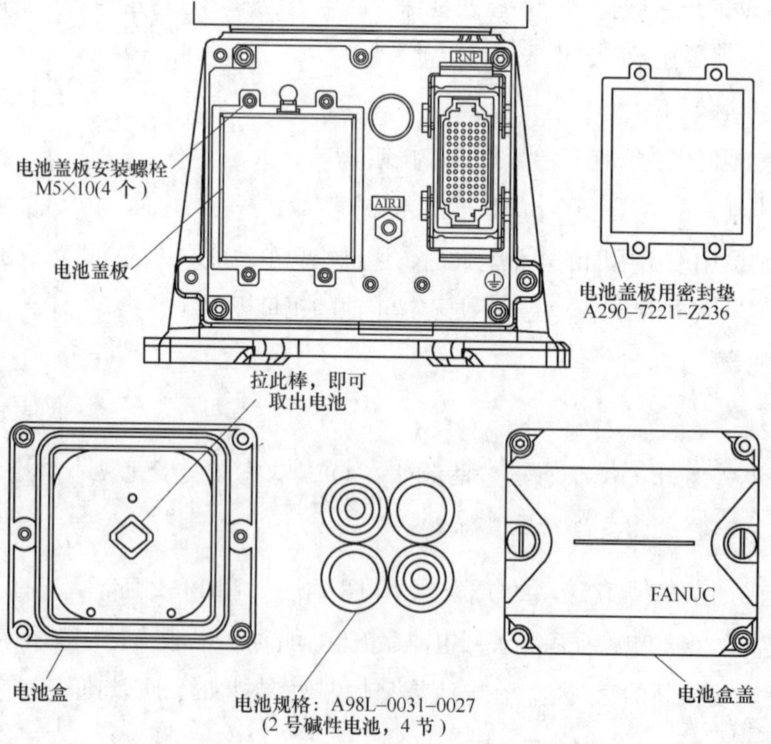
RNP
电池盖板安装螺栓
M5×10(4 个)
AIR1
电池盖板
电池盖板用密封垫
A290-7221-Z236
拉此棒，即可
取出电池
FANUC
电池盒
电池规格：A98L-0031-0027
(2 号碱性电池，4 节)
电池盒盖

图 14-2

2. 驱动机构部润滑脂、润滑油的更换

J1、J2、J3 轴减速机的润滑脂以及 J4、J5、J6 轴齿轮箱的润滑油必须按照如下步骤以每 3 年或者运转累计时间每达 11520h 的较短一方为周期进行更换。

（1）J1、J2、J3 轴减速机的润滑脂更换注意事项，如图 14-3 所示。

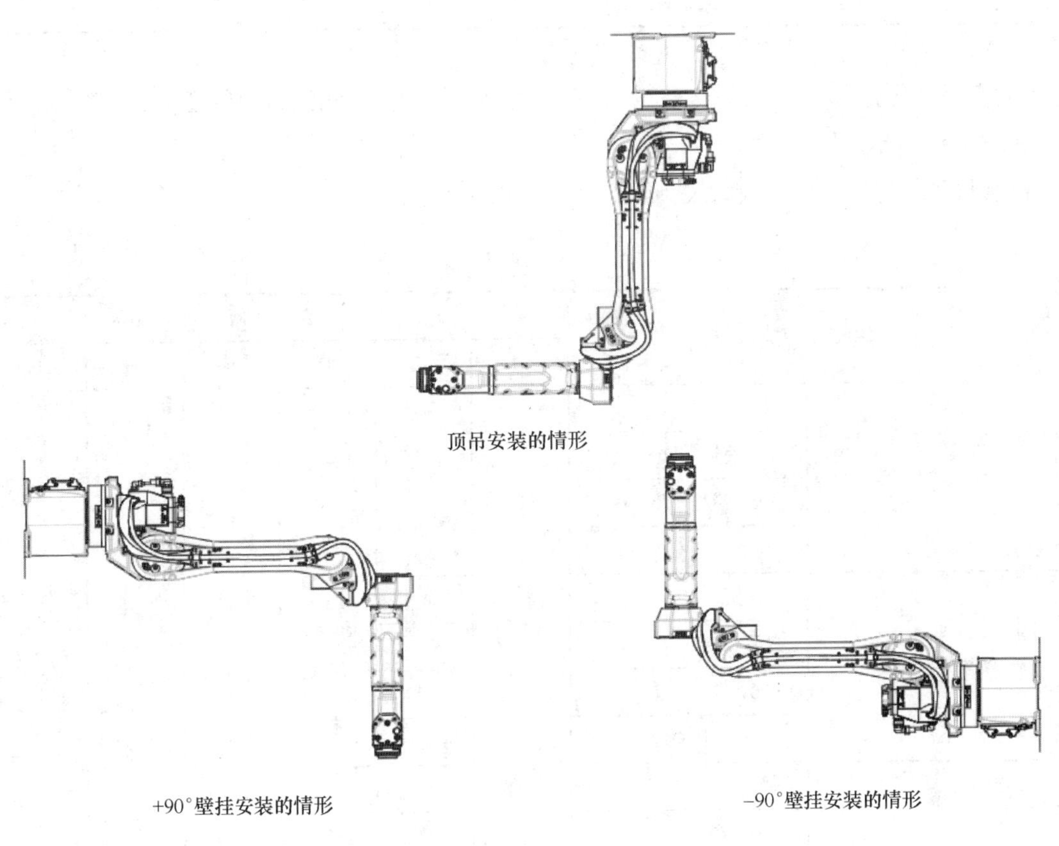

图　14-3

如果供脂作业操作错误，会因为润滑脂室内的压力急剧上升等原因造成油封破损，进而有可能导致润滑脂泄漏或机器人动作不良。进行供脂作业时，务必遵守下列注意事项。

1）供脂前，务必拆下排脂口的密封螺栓。

2）使用手动泵缓慢供脂。

3）尽量不要使用利用工厂压缩空气的空气泵。在某些情况下不得不使用空气泵供脂时，务必保持注油枪前端压力在表 14-1 所示压力以下。

4）务必使用指定的润滑脂。如使用指定外的润滑脂，会导致减速机的损坏等故障。

5）供脂后，先释放润滑脂室内的残余压力后再用孔塞塞好排脂口。

6）彻底擦掉沾在地面和机器人上的润滑脂，以避免滑倒和引火。

表 14-1

<table>
<tr><th>供脂部位</th><th>供脂量</th><th>注油枪前端压力</th><th>指定润滑脂</th></tr>
<tr><td>J1 轴减速机</td><td>790g（870mL）</td><td rowspan="3">0.1MPa
以下①</td><td rowspan="3">协同油脂
VIGOGREASE RE0
规格：A98L-0040-0174</td></tr>
<tr><td>J2 轴减速机</td><td>300g（330mL）</td></tr>
<tr><td>J3 轴减速机</td><td>170g（190mL）</td></tr>
</table>

①用手按压泵供脂时，以每 2s 按压泵 1 次作为大致标准。

润滑脂的更换、补充，应按表 14-2 所示姿势进行。倾斜角设置时的姿势，应根据地面安装时的姿势考虑相对角度。

1）移动机器人，使其成为表 14-2 所示的供脂姿势。

表 14-2

<table>
<tr><th colspan="2" rowspan="2">供脂部位</th><th colspan="6">姿势</th></tr>
<tr><th>J1</th><th>J2</th><th>J3</th><th>J4</th><th>J5</th><th>J6</th></tr>
<tr><td rowspan="4">J1 轴减速机供脂姿势</td><td>地面安装</td><td rowspan="12">任意</td><td rowspan="4">任意</td><td rowspan="4">任意</td><td rowspan="12">任意</td><td rowspan="12">任意</td><td rowspan="12">任意</td></tr>
<tr><td>顶吊安装</td></tr>
<tr><td>-90° 壁挂安装</td></tr>
<tr><td>+90° 壁挂安装</td></tr>
<tr><td rowspan="4">J2 轴减速机供脂姿势</td><td>地面安装</td><td>0°</td><td rowspan="4">任意</td></tr>
<tr><td>顶吊安装</td><td>-90°</td></tr>
<tr><td>-90° 壁挂安装</td><td>90°</td></tr>
<tr><td>+90° 壁挂安装</td><td>-90°</td></tr>
<tr><td rowspan="4">J3 轴减速机供脂姿势</td><td>地面安装</td><td>0°</td><td>0°</td></tr>
<tr><td>顶吊安装</td><td>0°</td><td>180°</td></tr>
<tr><td>-90° 壁挂安装</td><td>0°</td><td>0°</td></tr>
<tr><td>+90° 壁挂安装</td><td>0°</td><td>0°</td></tr>
</table>

2）切断控制装置的电源。

3）拆除排脂口的密封螺栓。位置及规格如图 14-4、表 14-3 所示。

J1 轴：1 处（密封螺栓 M8×10）。

J2 轴：2 处（密封螺栓 M8×10）。

J3 轴：1 处（密封螺栓 M8×10）。

4）拆除供脂口的密封螺栓或者锥形螺塞，安装随附的润滑脂注入口。

5）从供脂口供脂，直到新的润滑脂也从排脂口排出为止。

6）供脂后，释放滑脂槽内的残留压力。顶吊安装时，应排出 100mL 左右的 J1 润滑脂，确保润滑脂槽的空间。

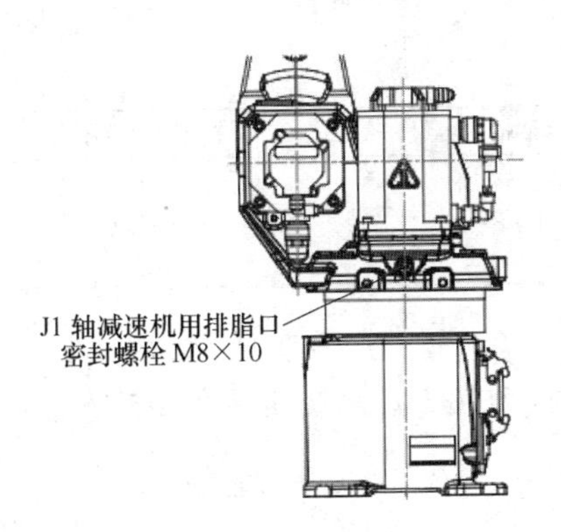

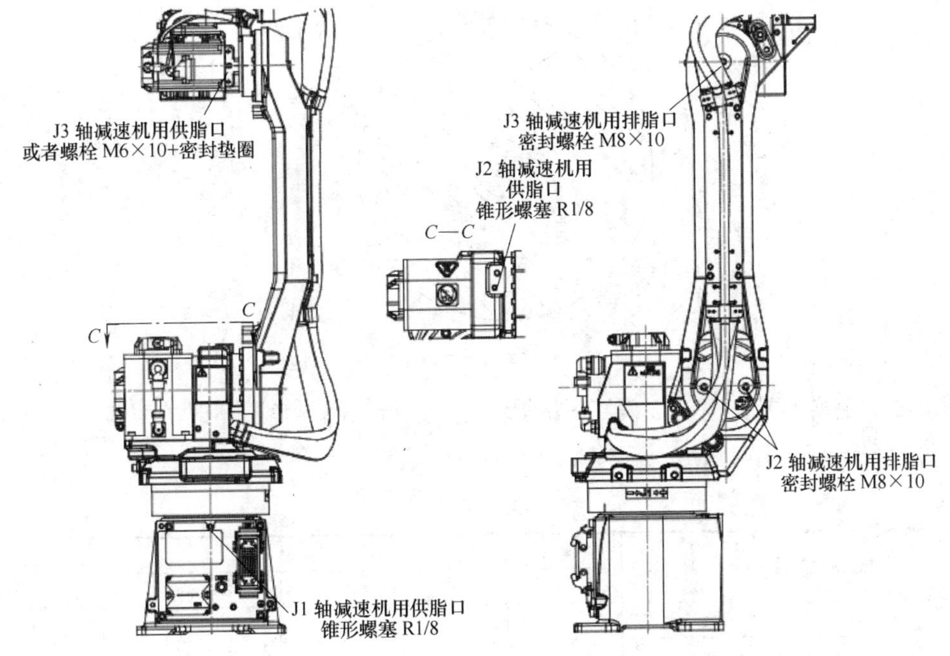

图 14-4

表 14-3

品　名	规　格
密封螺栓（M8×10）	A97L-0218-0417#081010
锥形螺塞（R1/8）	A97L-0001-0436#1-1D
密封垫圈（M6）	A30L-0001-0048#6M

（2）J4 轴齿轮箱润滑油的更换

注意

在润滑油不足的状态下运转机器人时，会导致齿轮烧伤等驱动机构故障。应充分注意油量，见表 14-4。如果供油作业操作错误，有可能导致润滑油泄漏或机器人动作不良。进行供油作业时，务必遵守下列注意事项。

1）使用指定的润滑油。如果使用指定外的润滑油，会导致减速机的损坏等故障。

2）供脂后，释放润滑油室内的残余压力后再用孔塞塞好排脂口。

3）彻底擦掉沾在地面和机器人上的润滑脂，以避免滑倒和引火。

表 14-4

供油部位	供油量（油槽的容量）	注油枪前端压力	指定油
J4 轴齿轮箱	410g（480mL）	0.1MPa 以下	吉坤日矿日石能源 BONNOC AX68 规格：A98L-0040-0233

注释

油量不是注入规定量。释放残留压力后确认油计的油面在总高的 3/4，如图 14-5 所示。

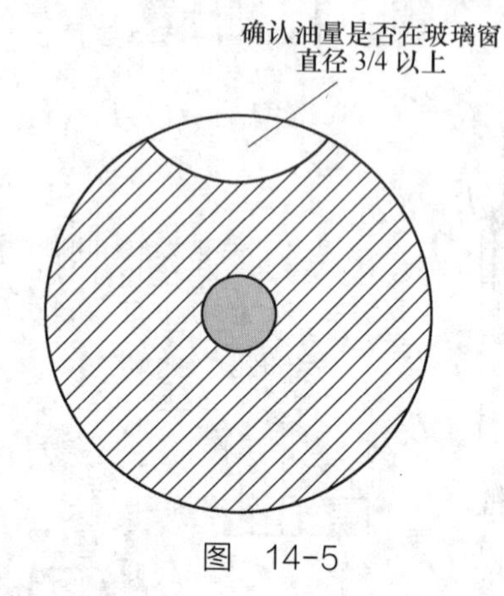

图 14-5

润滑油的更换、补充，应以表 14-5 所示姿势进行。倾斜角设置时的姿势，应根据地板面设置时的姿势考虑相对角度。

表 14-5

供油部位		姿势 J1	J2	J3	J4	J5	J6
J4 轴齿轮箱	地面安装	任意	任意	0°	任意	任意	任意
	顶吊安装			180°			
	-90° 壁挂安装			-90°			
	+90° 壁挂安装			90°			

1）排油步骤

①将机器人移动到表 14-5 所示的 J4 轴齿轮箱排油姿势。

②切断控制装置的电源。

③在排油口下设置油盘。在供油口 / 排油口（图 14-6）将把 J4 配线板固定的螺栓（表 14-6）取下，以便能够看到供油口 / 排油口的锥形螺塞。移动配线板时，有的情况下还需要拆下用户侧的连接器和气管接头。排气口有机器时，把其取下，然后把供油口 / 排油口和排气口的锥形螺塞或者密封螺栓取下，把残余的油排出，如图 14-7 所示。

表 14-6

品名	规格
密封螺栓（M8×10）	A97L-0218-0417#081010
锥形螺塞（R1/8）	A97L-0001-0436#1-1D

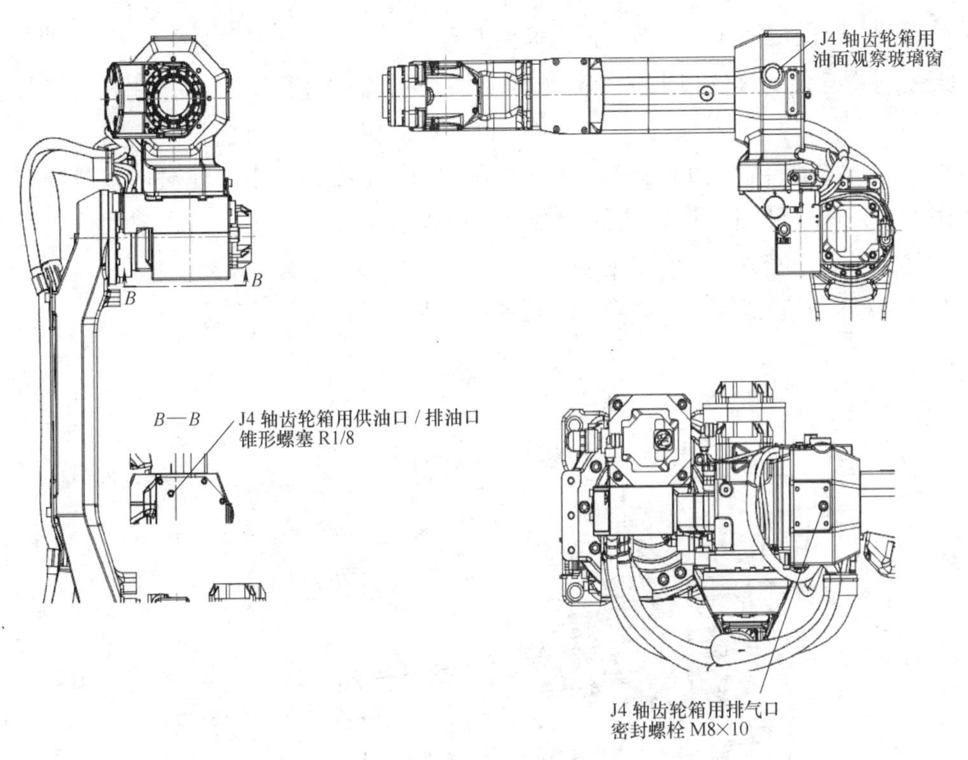

图　14-6

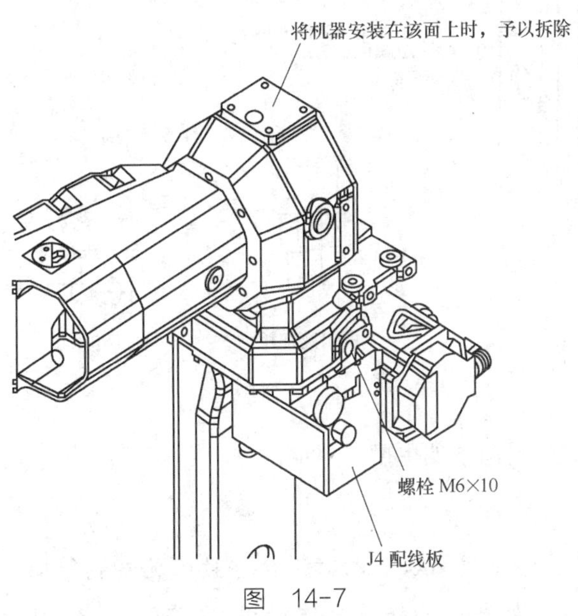

图　14-7

2）供油步骤

①把油注入口带有阀门的注油口装到供油口上。

② 确认阀门已开启，按照图 14-8 所示用注油枪供油。此时，应安装上在注油中为了保持注油枪固定姿势的姿势保持用适配器。当油面观察玻璃窗注满油之后，再继续推进注油枪 2 ～ 3cm。

③关闭带有阀门注油入口，然后把注油枪取下。

④把密封螺栓装到排气口上。若密封螺栓用新的，重新利用时，必须用密封胶带予以密封。

⑤把油注入口取下，然后把密封螺栓装到供油口/排油口上。此时，润滑油有可能落下。在供油口/排油口下设置油盘，然后马上把锥形螺塞装上。若密封螺栓用新的，重新利用时，必须用密封胶带予以密封。

⑥释放油槽内的残留压力。再度用油面观察玻璃窗确认油量。

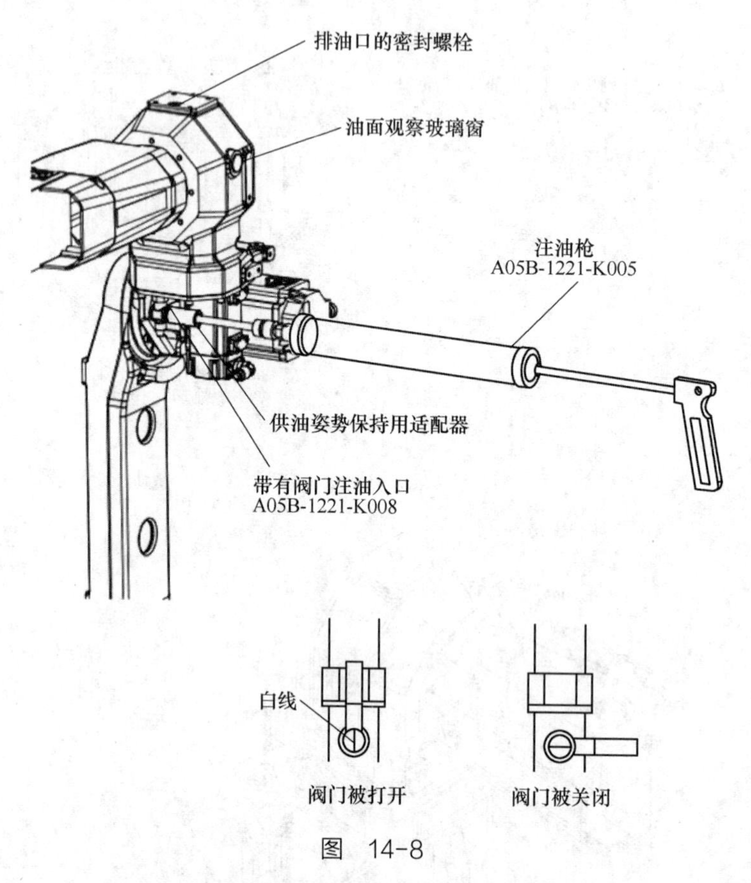

图 14-8

（3）J5、J6 轴齿轮箱润滑油的更换

注意

在润滑油不足的状态下运转机器人时，会导致齿轮烧伤等驱动机构故障。应充分注意油量（表 14-7）。如果供油作业操作错误，有可能导致润滑油泄漏或机器人动作不良。进行供油作业时，务必遵守下列注意事项。

1）使用指定的润滑油。如果使用指定外的润滑油，会导致减速机的损坏等故障。

2）供脂后，释放润滑油室内的残余压力后再用孔塞塞好排脂口。

3）彻底擦掉沾在地面和机器人上的润滑脂，以避免滑倒和引火。

表 14-7

供 油 部 位	供油量（油槽的容量）	注油枪前端压力	指 定 油
J5/J6 轴齿轮箱	330g（390mL）	0.1MPa 以下	吉坤日矿日石能源 BONNOC AX68 规格：A98L-0040-0233

注释

油量不是注入规定量。释放残留压力后确认油面观察玻璃窗的油面在总高的 1/4，如图 14-9 所示。

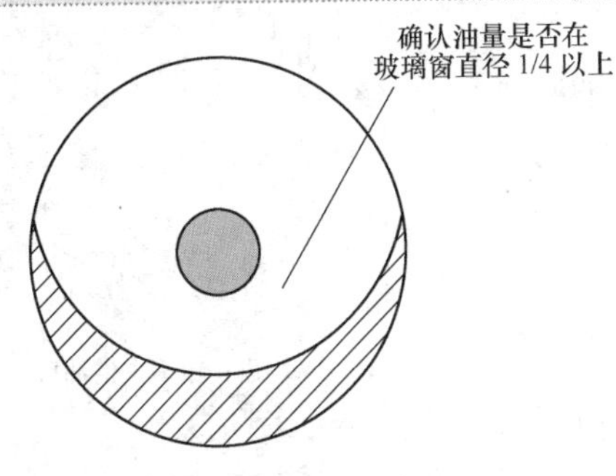

图 14-9

润滑油的更换、补充，应以表 14-8 所示姿势进行。倾斜角设置时的姿势，应根据地板面设置时的姿势考虑相对角度。

表 14-8

供 油 部 位		姿势 J1	姿势 J2	姿势 J3	姿势 J4	姿势 J5	姿势 J6
J5/J6 轴齿轮箱使用注油枪时	地面安装			18°	-40°		
	顶吊安装			-18°	140°		
	-90° 壁挂安装			-72°	-40°		
	+90° 壁挂安装			108°	-40°		
J5/J6 轴齿轮箱不使用注油枪时	地面安装			18°	90°		
	顶吊安装			-18°	-90°		
	-90° 壁挂安装			-72°	90°		
	+90° 壁挂安装			108°	90°		
J5/J6 轴齿轮箱补充	地面安装			90°	0°		
	顶吊安装			-90°	0°		
	-90° 壁挂安装			0°	0°		
	+90° 壁挂安装	任意	任意	180°	0°	0°	任意
J5/J6 轴齿轮箱排油	地面安装			-30°	-70°		
	顶吊安装			30°	110°		
	-90° 壁挂安装			-210°	-70°		
	+90° 壁挂安装			150°	-70°		
J5/J6 轴齿轮箱供油确认时	地面安装			0°	0°		
	顶吊安装			180°	0°		
	-90° 壁挂安装			-90°	0°		
	+90° 壁挂安装			90°	0°		
J5/J6 轴齿轮箱释放残留压力时	地面安装			20° ～90°	90°		
	顶吊安装			-20° ～-90°	-90°		
	-90° 壁挂安装			0° ～70°	-90°		
	+90° 壁挂安装			110° ～180°	90°		

1）排油步骤

①将机器人移动到表 14-8 所示的 J5/J6 轴齿轮箱（排油时）的姿势。

②切断控制装置的电源。

③在排油口下设置油盘。把第 1 供油口和排油口的锥形螺塞、扁平螺栓和密封螺栓取下，如图 14-10 和表 14-9 所示。此时，为了防止油溢出到周围，应先把排油口的螺栓取下。

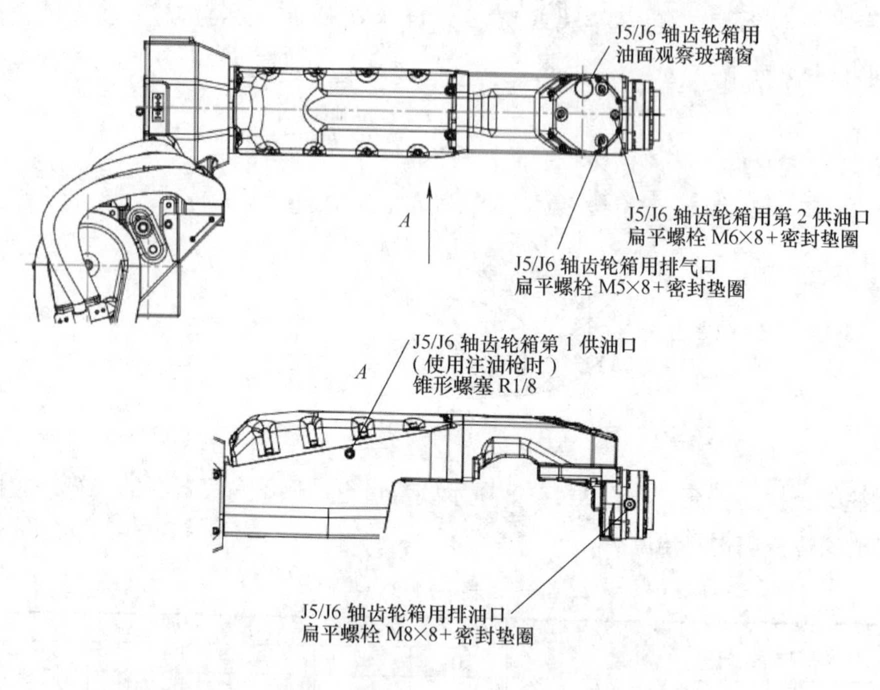

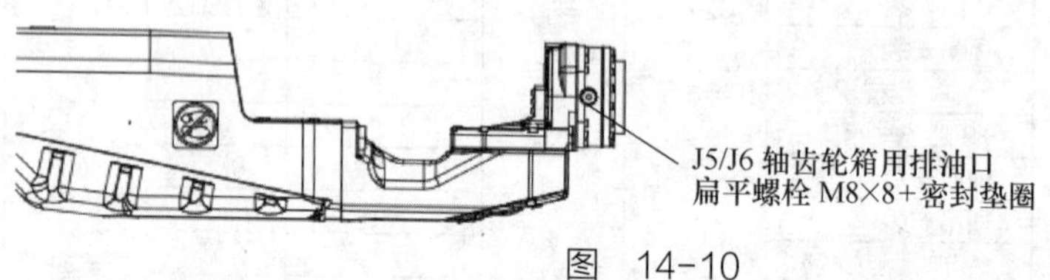

图 14-10

表 14-9

品　名	规　格
扁平螺栓（M6）	A97L-0218-0502#M6X8
扁平螺栓（M8）	A97L-0218-0502#M8X8
锥形螺塞（R1/8）	A97L-0001-0436#1-1D
密封垫圈（M5）	A30L-0001-0048#5M
密封垫圈（M6）	A30L-0001-0048#6M
密封垫圈（M8）	A30L-0001-0048#8M

④等到油全都排出后，把扁平螺栓和密封垫圈装到第 1 供油口和排油口上。

⑤接通控制装置的电源。

2）供油方法

①使用注油枪时。

a. 按照图 14-10 所示，把带有阀门注油入口（图 14-12）装到 J5/J6 轴齿轮箱第 1 供油口上。

b. 把油盘子装到 J5/J6 轴齿轮箱排油口（J6 轴轴环部）上。

c. 按照图 14-11 所示，确认注油入口的阀门和油盘子的阀门已开启，使用注油枪供油。润滑油从排油口排到油盘子时，停止注油，然后把注油入口的阀门关闭，最后把注油枪取下。

d. 把油盘子的阀门关闭，然后把盘子取下，最后盖上排油口的栓子。

e. 把注油入口取下，把扁平螺栓和密封垫圈装到第 1 供油口上。

f. 将机器人移动到表 14-8 的 J5/J6 轴齿轮箱（补充时）的姿势，然后从第 2 供油口（M5）用吸水管等加注润滑油。加注到大约 15mL 左右就会有润滑油从供油口流出，用栓子塞住。

g. 将机器人移动到表 14-8 所示的 J5/J6 轴齿轮箱（供油确认时）的姿势，然后确认油面观察玻璃窗的量（参照图 4-5）。

h. 以点动方式使 J4 轴旋转 +90°，并使其恢复到原先的姿势，再度确认油面观察玻璃窗的油量已经达到总高的 3/4。在润滑油不足的情况下，使用吸水管进行油的补充。

i. 释放油槽内的残留压力并再度确认油面观察玻璃窗的量。

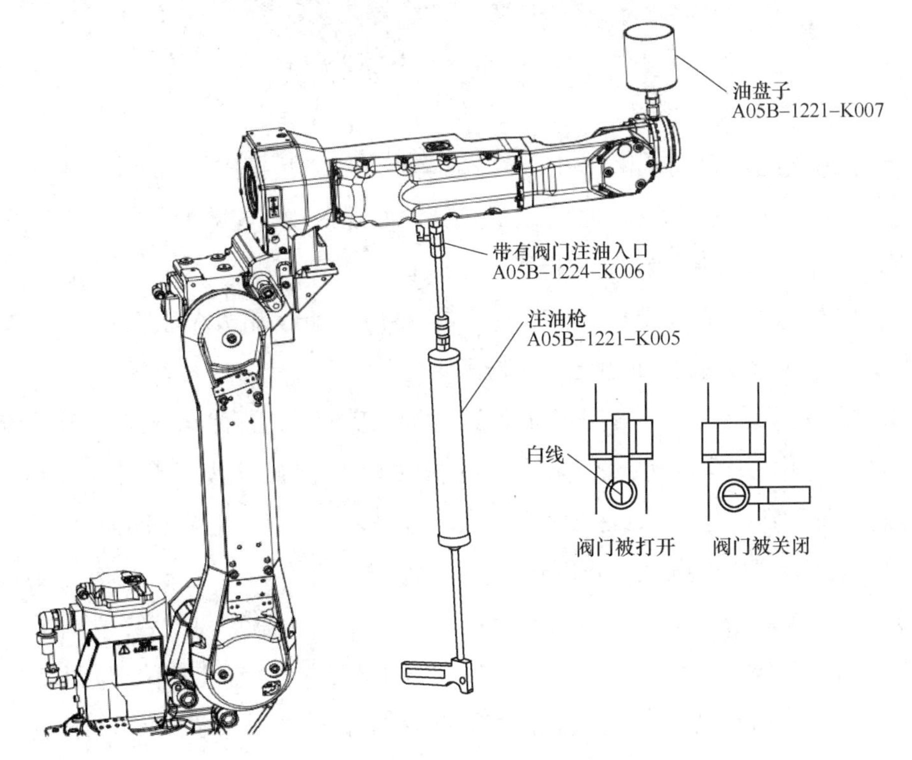

图　14-11

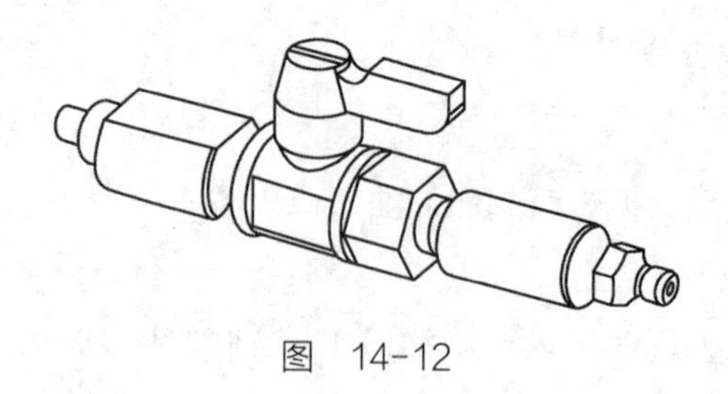

图 14-12

②不使用注油枪时。

a. 把图 14-10 所示的排气孔和第 2 供油口的扁平螺栓和密封垫圈取下，然后供油。此时，若使用供油适配器，如图 14-13 所示，即可简单进行供油。使用供油适配器时，把其装到第 2 供油口上，然后把 J5/J6 轴齿轮箱排气孔取下供油。供油量以适配器 2 杯左右为大致标准。每杯大致需要 5min 的供油时间。

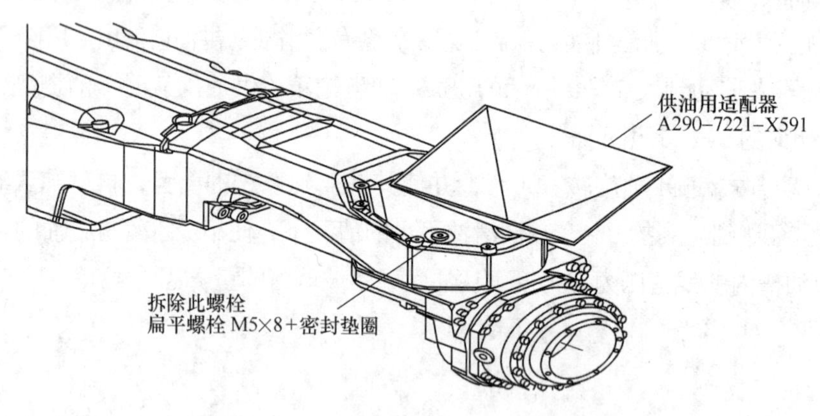

图 14-13

b. 当油开始从排气孔流出时，把供油适配器取下，然后把排气孔塞上栓，接着将机器人移动到表 14-8 所示位置确认供油姿势并确认油面观察玻璃窗的量（参照图 14-5）。在润滑油不足的情况下，使用吸水管进行油的补充。

c. 将机器人移动到补充姿势，然后从第 2 供油口（M6）用吸水管等加注油。加注到大约 15mL 就会有润滑油从供油口流出，用栓子塞住。

d. 将机器人移动到表 14-8 所示位置确认供油姿势，然后确认油面观察玻璃窗的量。此时，使 J4 轴向 +/- 方向旋转，并使其恢复到原先的姿势，确认油量不会减少。若油量减少，再次将机器人移动到补充姿势，然后从第 2 供油口（M6）用吸水管等加注油。

e. 释放油槽内的残留压力并再度确认油面观察玻璃窗的量。

（4）释放润滑脂槽内残留压力的作业步骤（J1、J2、J3 轴） 供脂后，为释放润滑脂槽内的残留压力，在拆下供脂口和排脂口的锥形螺塞和密封螺栓的状态下，按照表 14-10 所示使机器人动作 10min 以上。在 J2 轴的情况下，排脂口的密封螺栓有 2 处，应将 2 处的螺栓都拆除掉。此时，在供脂口、排脂口下安装回收袋，以避免流出来的润滑脂飞散。

表 14-10

更换部 \ 动作轴润滑脂	J1 轴	J2 轴	J3 轴	J4 轴	J5 轴	J6 轴
J1 轴减速机	轴角度 60° 以上，100% 速度	任意				
J2 轴减速机	任意	轴角度 60° 以上，100% 速度	任意			
J3 轴减速机	任意		轴角度 60° 以上，100% 速度	任意		

由于周围的情况而不能执行上述动作时，应使机器人运转同等次数。轴角度只能取 30° 的情况下，应使机器人运转 20min 以上（原来的 2 倍）。同时向多个轴供脂或供油时，可以使多个轴同时运行。

上述动作结束后，应在供脂口和排脂口上分别安装锥形螺塞和密封螺栓。重新利用密封螺栓和润滑脂注入口时，务必用密封胶带予以密封。更换润滑脂和润滑油后，在频繁的反转动作和高温环境下再运转时，润滑脂和油槽内压在某些情况下会上升。这种情况下，在运转刚刚结束后，一开启排脂口、排油口，就可以恢复内压（打开排脂口、排油口时，注意避免润滑脂、润滑油的飞散）。

（5）释放油槽残留压力的作业步骤（J4、J5、J6 轴） 供油后，为适当调节油量可执行如下动作。

1）J4 轴齿轮箱的情形：确认油面观察玻璃窗处在图 14-9 所示的状态，在安装着供油口、排油口的螺塞、密封螺栓的状态下，以 ±90° （运动范围）、100% 速度使 J4 轴动作 10min。此时，务必在安装着螺塞、密封螺栓的状态下使 J4 轴动作。动作结束后，以使 J4 轴齿轮箱排油口朝正上方的姿势（地面安装时 J3=0° ），拆除 J4 轴齿轮箱排油口后马上释放残留压力。释放残留压力后确认油面观察玻璃窗的油量是否在 3/4 之上。油量较少时，应从 J4 轴齿轮箱排油口用吸水管等加注油。擦掉黏附在机器人表面的油，在供油口安装螺塞。

2）J5/J6 轴齿轮箱的情形：确认油面观察玻璃窗已处在图 14-9 的状态。移动到 J5/J6 轴（残留压力释放时）的姿势，在拧松供油口的扁平螺栓 + 密封垫的状态下予以安装，并在 ±90° （运动范围）、100% 速度下使 J5、J6 轴动作 10min。此时，应创建一个能够使 J5、J6 轴都移动的程序。动作结束后，以设为 J5/J6 轴（补充时）的姿势拆除第 2 供油口（M5）后马上释放残留压力。然后确认油面观察玻璃窗的油量是否在 1/4 之上。此外，使 J4 轴向 +/ − 方向旋转，确认油量不会减少。若油量减少，再次以设为 J5/J6 轴（补充时）的姿势从第 2 供油口（M5）用吸水管等加注油。确认后，擦掉机器人表面黏附的油，彻底拧紧供油口的扁平螺栓。

由于周围的情况而不能执行上述动作时，应使机器人运转同等次数。轴角度只能取 45° 时，应使机器人运转 2 倍的时间，即 20min 以上。同时向多个轴供脂或供油时，可以使多个轴同时运行。更换润滑脂和润滑油后，在频繁的反转动作和高温环境下再运转时，润滑脂和油槽内压在某些情况下会上升。这种情况下，在运转刚刚结束后，一开启排脂口、排油口，就可以恢复内压。打开排脂口、排油口时，注意避免润滑脂、润滑油的飞散。

注意

重新利用密封螺栓和锥形螺塞时，务必用密封胶带予以密封。密封垫圈的一个面上整面都蒸镀有橡胶，另外一个面只在孔侧附近有橡胶密封部位，表面处于橡胶蒸镀不充分的状态。应将后者的一面朝向螺栓接合面侧。目视确认密封垫圈完好，有明显的伤痕时要予以更换。

有关密封螺栓的密封垫圈的规格见表 14-6 和表 14-9。

项目实施

在确保安全与不损坏机器人结构的前提下，实践操作以上的维修步骤。